编 审 人 员

主　编　周　清　高红武

昆明冶金高等专科学校

主　审　高云涛

云南民族大学

参　编　姜浩　李兰云　张云梅

昆明冶金高等专科学校

本书编写委员会

全国高职高专规划教材

应用化学实验

（第二版）

主　编　周　清　高红武

主　审　高云涛

中国环境科学出版社·北京

图书在版编目（CIP）数据

应用化学实验/周清，高红武主编．—2 版．—北京：中国环境科学出版社，2011.8

全国高职高专规划教材

ISBN 978-7-5111-0694-0

Ⅰ．①应… Ⅱ．①周… ②高… Ⅲ．①应用化学—化学实验—高等职业教育—教材 Ⅳ．①O69-33

中国版本图书馆 CIP 数据核字（2011）第 174482 号

责任编辑　黄晓燕
责任校对　扣志红
封面设计　中通世奥

出版发行　中国环境科学出版社
（100062　北京东城区广渠门内大街 16 号）
网　　址：http://www.cesp.com.cn
联系电话：010-67112765（总编室）
发行热线：010-67125803，010-67113405（传真）
印　　刷　北京市联华印刷厂
经　　销　各地新华书店
版　　次　2007 年 9 月第 1 版　2011 年 8 月第 2 版
印　　次　2011 年 8 月第 2 次印刷
印　　数　3 001—6 000
开　　本　787×960　1/16
印　　张　8.5
字　　数　165 千字
定　　价　15.00 元

前言

《应用化学实验》于 2007 年 9 月出版，至今已 4 年，期间得到了广大读者的认可。同时使用本教材的院校也反馈了建设性意见和建议。第二版《应用化学实验》教材是对《无机化学》和《分析化学》教材实验的有机整合，对第一版的部分章节及内容进行删除及调整，并进行了勘误。增强教材的适应性，突出其针对性。在保证学生稳固掌握基础理论的前提下，使学生能真正学到有用的、实用的知识，能在相对较短的学时内掌握化学学科的实验研究方法，为专业课的学习奠定良好的基础。

教材内容总体上分为两个部分：理论部分和实验部分。实验部分是主要针对理论部分内容的实验而编写。两部分独立成册，以便教师和学生使用。本书是实验部分，共分为四章，第一章基础知识、第二章基本操作技术、第三章基本实验、第四章综合实验。建议与《应用化学》教材配合使用。

参加本书修订的人员有：周清（第二章），高红武（第三章），姜浩、李兰云（第一章），张云梅（第四章），全书由周清、高红武统稿。高云涛（云南民族大学）教授对全书进行了审校，在此深表谢意。

由于编者水平有限，编写时间仓促，书中内容难免存在疏漏和错误，诚望批评指正。

编　者

2011 年 8 月

目录

第一章 基础知识

第一节 化学实验室常用器皿

化学实验室常用仪器和器皿是从事化学实验及分析、检验工作者必备的操作用具。正确掌握仪器和器皿的使用方法，可以提高实验和分析结果的准确性，延长仪器和器皿的使用寿命，提高工作效率。

一、常用玻璃仪器和其他器具

化学实验常用仪器列于表 1-1。

表 1-1 化学实验常用仪器

仪 器	用 途	注意事项
试管 离心试管	用作少量试剂的反应容器，便于操作和观察；离心试管还可用于少量溶液中的沉淀分离	可直接用火加热，硬质玻璃试管可以加热至高温；加热后不能骤冷，否则产生破裂，特别是软质玻璃试管更易破裂；离心试管只能用水浴加热
试管架	放试管、离心试管和比色管用	洗净的试管、离心试管和比色管应倒插在木棍上
试管夹	加热试管时夹住试管用	防止烧损或锈蚀，使用时手应拿长夹处
毛刷	用于洗刷玻璃仪器	使用时应小心刷子顶端的铁丝撞破玻璃仪器
烧杯	用作化学反应容器，易使反应物混合均匀；有玻璃和聚四氟乙烯塑料两种规格：50 mL，100 mL，250 mL，400 mL，500 mL，800 mL，1 000 mL，2 500 mL，5 000 mL	可放在石棉网或电炉上直接加热，但应使受热均匀

仪器	用途	注意事项
表面皿	盖在烧杯上，防止液体迸溅或其他用途；规格（直径）：6 cm，9 cm，12 cm，15 cm，18 cm	不能用火直接加热
量杯 量筒	用于度量一定体积的液体。 规格：10 mL，25 mL，50 mL，100 mL，250 mL，500 mL，1 000 mL，2 500 mL	不能加热，不能用作反应容器
石棉网	加热时，垫上石棉网能使受热物体均匀受热，而不致造成局部过热	不能与水接触，以免石棉脱落或铁丝锈蚀
铁夹 铁环 铁架	用于固定或放置反应容器，铁环还可以代替漏斗架使用	防止受潮锈蚀
三脚架	用酒精灯加热烧杯、烧瓶等容器时的加热支架；加热时在三脚架的圆环上须垫上石棉网	防止受潮锈蚀
漏斗 长颈漏斗	用于过滤等操作，长颈漏斗特别适用于定量分析中的过滤操作	不能用火直接加热
吸滤瓶和布氏漏斗	两者配套使用于无机制备中晶体或沉淀的减压过滤，利用水泵或真空泵降低吸滤瓶中压力以加速过滤	不能用火直接加热
药匙（勺）	取固体试剂或药品用，药匙两端各有一个勺，一大一小，根据取用药量多少选用	不能用于取灼热的试剂或药品

仪器	用途	注意事项
滴瓶 细口瓶 广口瓶	广口瓶用于盛放固体试剂或药品，滴瓶、细口瓶用于盛放液体试剂或药品，不带磨口塞子的广口瓶可作集气瓶；有无色玻璃和棕色玻璃之分	不能直接用火加热，瓶塞不得互换；盛放碱液时，要用橡皮塞，不能用磨口瓶塞，以免时间长了，玻璃磨口瓶塞被腐蚀黏牢
研钵 （a） （b） （c） （a）玻璃研钵（b）瓷研钵（c）玛瑙研钵	用于研磨固体物质，按固体的性质和硬度选用不同质地的研钵； 规格（直径）：6 cm，9 cm，12 cm，15 cm，18 cm	不能用火直接加热
蒸发皿	蒸发液体用，随液体性质不同可选用不同质地的蒸发皿； 规格（直径）：6 cm，9 cm，12 cm，15 cm，18 cm	能耐高温，但不宜骤冷；蒸发溶液时，一般放在石棉网上加热，也可直接用火加热
水浴锅	用于间接加热，也用于粗略控温实验	
（a）干燥器 （b）真空干燥器	内放干燥剂，可保持样品、化学试剂或产物的干燥；有无色玻璃和棕色玻璃之分； 规格（直径）：18 cm，21 cm，24 cm，27 cm，30 cm	应防止盖子滑动而打碎；加热的物品待稍冷后才能放入；放置物未完全冷却前，要隔一定时间打开盖子，以调节干燥器内的气压
（a）塑料洗瓶 （b）自制玻璃洗瓶	内装蒸馏水，可淋洗仪器内壁	使用时瓶嘴切勿碰到被淋洗的器壁
（a）吸量管 （b）移液管	用于准确量取溶液；吸量管可以逐毫升吸取溶液，精确到 0.01 mL；移液管常与容量瓶配合使用； 吸量管规格：0.1 mL，0.2 mL，0.25 mL，0.50 mL，1 mL，2 mL，5 mL，10 mL，20 mL，25mL； 移液管规格：1 mL，2 mL，5 mL，10 mL，20 mL，25 mL，50 mL，100 mL	不能加热或放置在烘箱里烘烤

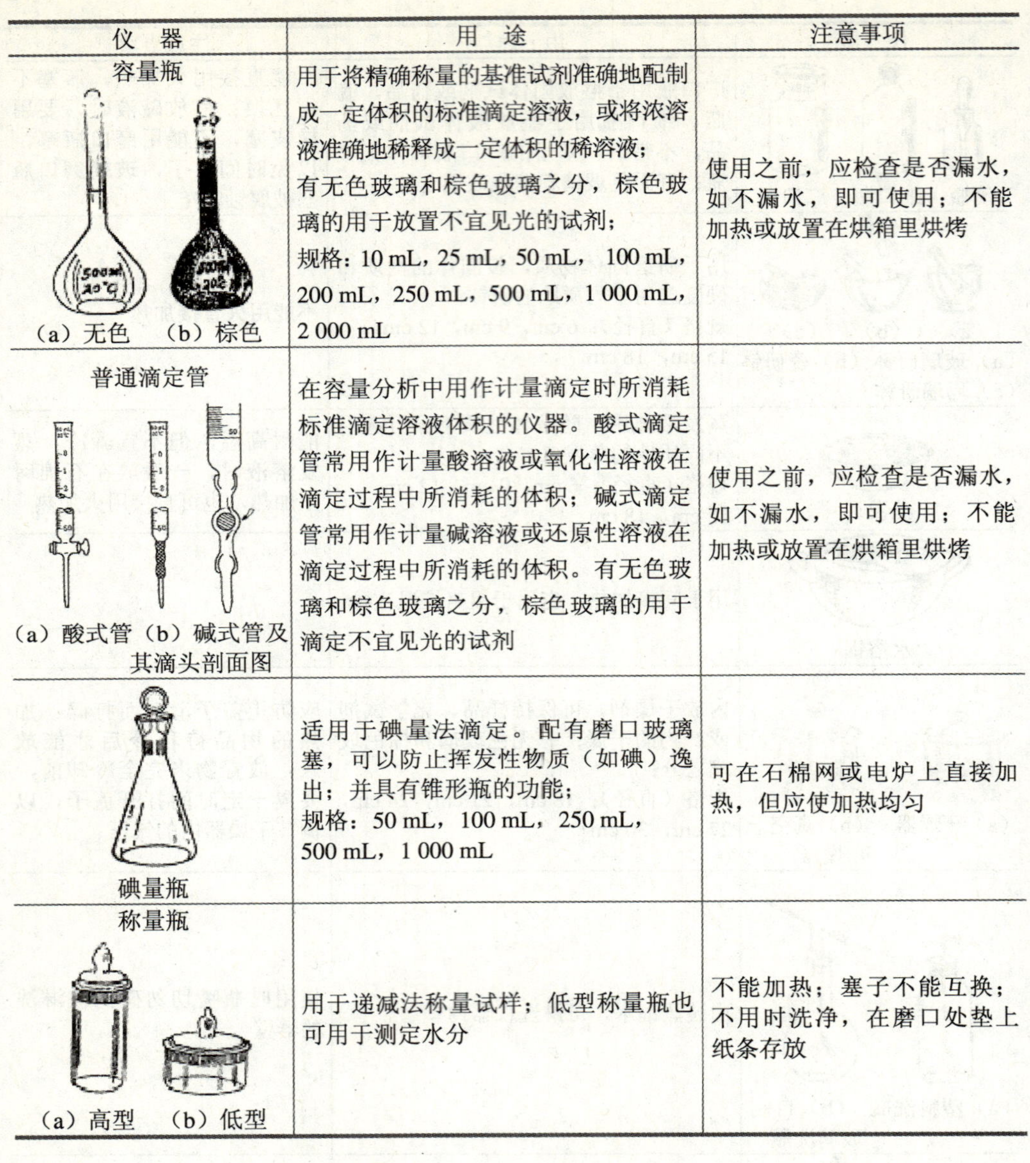

仪 器	用 途	注意事项
容量瓶 （a）无色 （b）棕色	用于将精确称量的基准试剂准确地配制成一定体积的标准滴定溶液，或将浓溶液准确地稀释成一定体积的稀溶液； 有无色玻璃和棕色玻璃之分，棕色玻璃的用于放置不宜见光的试剂； 规格：10 mL，25 mL，50 mL，100 mL，200 mL，250 mL，500 mL，1 000 mL，2 000 mL	使用之前，应检查是否漏水，如不漏水，即可使用；不能加热或放置在烘箱里烘烤
普通滴定管 （a）酸式管（b）碱式管及其滴头剖面图	在容量分析中用作计量滴定时所消耗标准滴定溶液体积的仪器。酸式滴定管常用作计量酸溶液或氧化性溶液在滴定过程中所消耗的体积；碱式滴定管常用作计量碱溶液或还原性溶液在滴定过程中所消耗的体积。有无色玻璃和棕色玻璃之分，棕色玻璃的用于滴定不宜见光的试剂	使用之前，应检查是否漏水，如不漏水，即可使用；不能加热或放置在烘箱里烘烤
碘量瓶	适用于碘量法滴定。配有磨口玻璃塞，可以防止挥发性物质（如碘）逸出；并具有锥形瓶的功能； 规格：50 mL，100 mL，250 mL，500 mL，1 000 mL	可在石棉网或电炉上直接加热，但应使加热均匀
称量瓶 （a）高型 （b）低型	用于递减法称量试样；低型称量瓶也可用于测定水分	不能加热；塞子不能互换；不用时洗净，在磨口处垫上纸条存放

二、常用玻璃仪器分类

在科学实验和分析检验工作中，玻璃仪器用途广泛、种类繁多，目前还没有统一的分类方法，为便于掌握和使用，通常采用如下分类：

（1）按玻璃性能分为可加热类仪器（如各类烧杯、烧瓶、试管等）和不宜加热类仪器（如试剂瓶、量筒、量杯、容量瓶、移液管等）。

（2）按用途可分为容器类（如烧杯、烧瓶、试剂瓶、滴瓶、称量瓶等）、量器类（如量筒、量杯、容量瓶、移液管、滴定管等）和过滤器类（如各种漏斗、抽滤瓶、抽气管、洗瓶、胶帽滴管等）。

另外还有特殊用途的玻璃仪器，如干燥器、表面皿、冷凝器、比色管、比色皿等。

第二节 化学试剂的一般知识

化学试剂是符合一定质量标准的纯度较高的化学物质，是用于教学、科研和生产检验的重要化学药品。实验室经常要用到化学试剂。化学试剂选用的正确与否，将直接影响到实验的成败、检验的准确度及实验成本的高低。因此，了解化学试剂的一般知识很有必要。

一、化学试剂的分类和规格

化学试剂多达数千种，但国际上化学试剂分类和分级标准尚未一致。我国化学试剂产品有国家标准（GB）、原化工部标准（HG）及企业标准（QB）三级，近年来，部分化学试剂的国家标准不同程度地采用了国际标准和国外某些先进标准。在各类各级标准中，均明确规定了化学试剂的质量指标。

根据质量标准及用途的不同，化学试剂大致可分为普通试剂、标准试剂、高纯试剂和专用试剂四类。

（一）普通试剂

普通试剂是实验室的通用试剂。国家和主管部门颁布质量指标主要有四个级别，见表 1-2。生化试剂和指示剂也属于普通试剂。

表 1-2 化学试剂的级别和主要用途

试剂级别	中文名称	英文标志	标签颜色	主要用途
一级品	优级纯	GR	绿	精密分析及科学研究工作
二级品	分析纯	AR	红	一般分析检验、科学研究工作
三级品	化学纯	CP	蓝	一般化学实验
四级品	实验试剂	LR	黄	工业或化学制备

（二）标准试剂

标准试剂是用于校准、测量、评价和确定其他物质的化学和物理特性量值的标准物质。其特点是主体成分含量高而且准确可靠。国产主要标准试剂见表 1-3。

表 1-3　国产主要标准试剂

类　别	主要用途
滴定分析第一基准试剂（C 级）	用于工作基准试剂的量值确定
滴定分析工作基准试剂（D 级）	用于滴定分析标准滴定溶液的量值确定
杂质分析标准滴定溶液	仪器及化学分析中作为微量杂质分析的标准
滴定分析标准滴定溶液	滴定分析法测定物质的含量
一级 pH 基准试剂	pH 基准试剂的量值和高精密度 pH 计的校准
pH 基准试剂	pH 计的校准（定位）
热值分析试剂	热值分析仪的标定
色谱分析标准滴定溶液	气相色谱法进行定性和定量分析的标准
临床分析标准滴定溶液	临床化验
农药分析标准滴定溶液	农药分析
有机元素分析标准滴定溶液	有机物元素分析

滴定分析用标准试剂习惯上称为基准试剂，分为 C 级（第一基准）与 D 级（工作基准）两个级别。我国迄今共有 6 种 C 级和 14 种 D 级的基准试剂。主体成分的质量分数 C 级为 99.98%～100.02%，D 级为 99.95%～100.05%。D 级基准试剂是滴定分析中的计量标准物质，见表 1-4。

表 1-4　D 级基准试剂

名　称	国家标准代号	使用前的干燥方法	主要用途
无水碳酸钠	GB 1255—1990	270～300℃灼烧至恒重	标定 HCl、H_2SO_4 溶液
邻苯二甲酸氢钾	GB 1257—1989	105～110℃干燥至恒重	标定 $NaOH$、$HClO_4$ 溶液
氧化锌	GB 1260—1990	800℃灼烧至恒重	标定 EDTA 溶液
碳酸钙	GB 12596—1990	（110±2）℃干燥至恒重	标定 EDTA 溶液
乙二胺四乙酸二钠	GB 12593—1990	硝酸镁饱和液恒湿器中放置 7 天	标定金属离子溶液
氯化钠	GB 1253—1989	500～600℃灼烧至恒重	标定 $AgNO_3$ 溶液
硝酸银	GB 12595—1990	硫酸干燥器干燥至恒重	标定卤化物及硫氰酸盐溶液
草酸钠	GB 1254—1990	105～110℃干燥至恒重	标定 $KMnO_4$ 溶液
三氧化二砷	GB 1256—1990	硫酸干燥器干燥至恒重	标定 I_2 溶液
碘酸钾	GB 1258—1990	（180±2）℃干燥至恒重	标定 $Na_2S_2O_3$ 溶液
重铬酸钾	GB 1259—1989	（120±2）℃干燥至恒重	标定 $Na_2S_2O_3$、$FeSO_4$ 溶液
溴酸钾	GB 12594—1990	（180±2）℃干燥至恒重	标定 $Na_2S_2O_3$ 溶液
无水对氨基苯磺酸	GB 1261—1977	（120±2）℃干燥至恒重	标定 $NaNO_2$ 溶液
苯甲酸	GB 1259—1990	五氧化二磷干燥器减压干燥至恒重	标定甲醇钠溶液

（三）高纯试剂

高纯试剂主体成分含量通常与优级纯试剂相当，但杂质含量很低，而且规定的杂质检测项目比优级纯或基准试剂多 1～2 倍，通常杂质含量控制在 10^{-9}～10^{-6} 级。

高纯试剂主要用于微量分析中试样的分解及试液的制备。

高纯试剂多属于通用试剂（如盐酸、高氯酸、氨水、碳酸钠、硼酸等）。目前只有 8 种高纯试剂颁布了国家标准。其他产品一般执行企业标准，称谓也不统一，在产品的标签上常常标为“特优”“超优”或“特纯”“超纯”试剂，选用时应注意标示的杂质含量是否在实验要求范围内。

（四）专用试剂

专用试剂是具有专门用途的试剂。该试剂主体成分含量高，杂质含量很低。与高纯试剂的区别为：在特定的用途中，干扰杂质成分只需控制在不致产生明显干扰的限度以下。如色谱纯试剂是在最高灵敏度 1×10^{-10} g 以下无杂质峰的专用试剂；光谱纯试剂是以光谱分析时出现干扰谱线的数目及强度低于某一限度的专用试剂。

专用试剂种类多，如紫外及红外光谱纯试剂、色谱分析标准试剂、薄层分析标准试剂及气相色谱担体与固定液等。

二、化学试剂的取用和存放

（一）化学试剂的取用

试剂的盛放原则是，固体试剂放在广口瓶中，液体试剂和配制好的溶液盛放在细口试剂瓶或带有滴管的滴瓶中；见光易分解的试剂（如硝酸银、高锰酸钾等）盛放在棕色试剂瓶中。每一试剂瓶上都必须保持标签完好，注明试剂名称、规格、浓度和制备日期等。

取用试剂时应先核对标签上的说明，看其与欲取试剂是否一致。打开的瓶塞、瓶盖应反放在桌面上，以免受到污染。不得用手直接接触化学试剂。取用量要合适，既节约药品又得到良好的实验结果。取完试剂后务必盖好瓶塞、瓶盖，将试剂瓶放回原处，标签朝外。

1．固体试剂的取用

（1）取固体试剂要用洁净干燥的药匙，专匙专用，用过的药匙必须洗净擦干后才能用于其他试剂。

（2）取用固体试剂时，应将试剂放在称量纸上称量。若固体试剂有腐蚀性或易潮解，应放在表面皿上或玻璃容器内称量。

（3）将固体试剂加入试管特别是湿试管中时，应用药匙或干净光滑的纸对折成的纸槽，伸进试管约 2/3 处加入。

（4）固体颗粒较大需要粉碎时，应放入干燥洁净的研钵中研磨，放入量不得超过研钵容量的 1/3。

（5）剧毒试剂须在教师的指导下取用。

2. 液体试剂的取用

（1）用滴管或从滴瓶中取用液体试剂时，不得将试液一直吸到滴管胶帽中，不可将已加过试液的滴管倒置或管口向上倾斜放置，避免试液被胶帽污染。

有些实验试剂用量加入不必十分准确，可以估计液体取用量，一般滴管液滴约 0.05 mL/滴，滴加 20～25 滴约为 1 mL。

（2）采用倾注法从细口试剂瓶中取用试剂时，将塞子取下倒放在桌面上或用食指与中指夹住，手心握持贴有标签的一面，逐渐倾斜瓶子让试剂沿着洁净的试管内壁流下，或者沿着洁净的玻璃棒注入盛放容器中，见图 1-1。倾入所需量后，应将试剂瓶在容器口边或玻璃棒上靠一下，再逐渐竖起瓶子，以免遗留在瓶口的液滴流到瓶子的外壁。悬空倒出试液或将瓶塞下部沾到桌面都是错误的操作，见图 1-2。

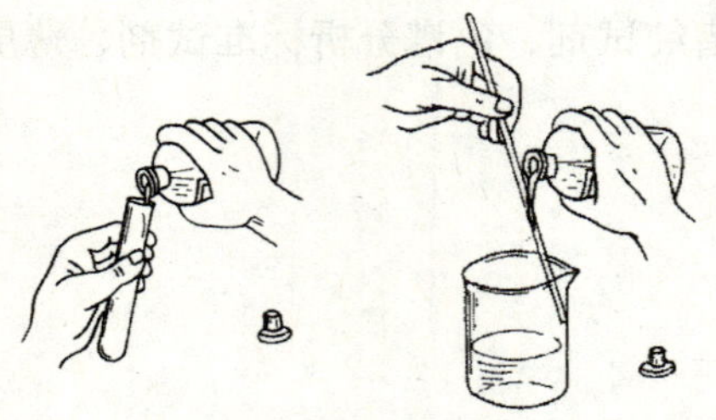

图 1-1　倾注法取用试剂

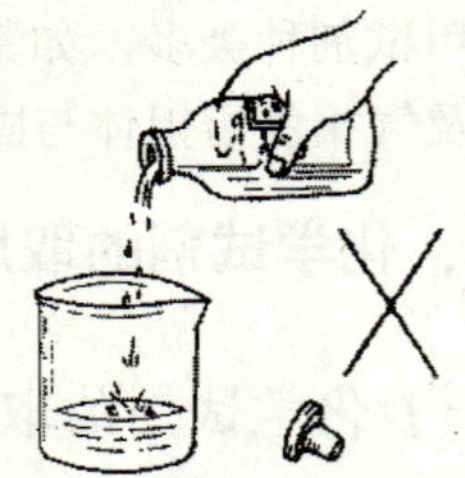

图 1-2　悬空倒液，瓶塞污染

（3）用量筒或量杯定量取用试液时，对于透明液体（如水溶液），读取体积的刻度应与液体凹液面最低点水平相切，见图 1-3；对于有色不透明液体则要与凹液面上部水平相切。

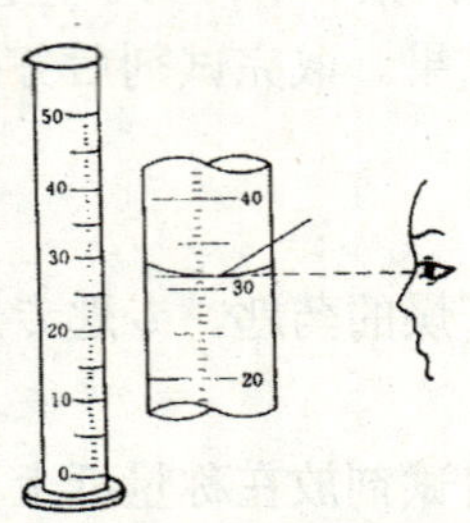

图 1-3　量取试剂体积的读数

（二）化学试剂的存放

实验室中除需贮备一定数量的常用化学试剂外，还有根据需要配制的溶液。在保存和使用中应注意以下几点。

（1）所有试剂、溶液以及样品的包装瓶（袋）上必须贴有标签。标签要完整、清晰。绝对不要在容器内装入与标签不相符的试剂或药品、溶液。

（2）试剂应分类存放，以便于取用。例如，无机试剂可分作酸类、碱类、盐类及氧化物等。盐类可按阳离子分类，如钠盐、钾盐、铵盐、钙盐等。有机试剂可按官能团分类，如烃类、醇类、醛类等。指示剂可按用途分类，如酸碱指示剂、氧化还原指示剂、配合指示剂等。专用有机试剂则可按测定对象分类。

（3）配制的溶液应移入有塞的细口瓶中，需要滴加使用的溶液可装于滴瓶中，见光易分解变质的移入棕色瓶。试剂瓶上必须贴标签。标签写明名称、浓度、配制日期等。长期使用的试剂，标签上可涂一层蜡，以防腐蚀和磨损。

（4）危险药品的存放。危险药品是指受光、热、空气、水或撞击等外界因素的影响，可能引起燃烧、爆炸的化学试剂或药品，以及具有强烈腐蚀性、剧毒性的化学试剂或药品。按危害性质将常用危险药品分为五类，其相应的存放注意事项见表 1-5。

表 1-5 危险药品的分类、性质及存放

<table>
<tr><th colspan="2">类 别</th><th>举 例</th><th>性 质</th><th>注意事项</th></tr>
<tr><td colspan="2">爆炸品</td><td>硝酸铵、苦味酸、三硝基苯</td><td>遇高热、摩擦、撞击等，引起剧烈化学反应，放出大量气体和热量，产生猛烈爆炸</td><td>存放于阴凉、低处；轻拿、轻放</td></tr>
<tr><td rowspan="5">易燃品</td><td>易燃固体</td><td>赤磷、硫、萘、硝化纤维等</td><td>燃点低，受热、摩擦、撞击或遇氧化剂可引起剧烈连续燃烧、爆炸</td><td rowspan="2">存放于阴凉处，远离热源；使用时注意通风，不得有明火</td></tr>
<tr><td>易燃液体</td><td>丙酮、乙醚、甲醇、乙醇、苯等有机溶剂</td><td>沸点低，易挥发，遇火则燃烧，甚至引起爆炸</td></tr>
<tr><td>易燃气体</td><td>氢、乙炔、甲烷等</td><td>因撞击、受热引起燃烧；与空气按一定比例混合，则会爆炸</td><td>使用时注意通风；如为钢瓶气，钢瓶不得在同一使用实验室内存放</td></tr>
<tr><td>遇水燃烧品</td><td>钾、钠</td><td>遇水剧烈反应，产生可燃气体并放出大量热，而引起爆炸</td><td>保存于煤油中，切勿与水接触</td></tr>
<tr><td>易自燃品</td><td>黄磷、硝化纤维等</td><td>在适当温度下被空气氧化、放热，达到燃点则引起自燃</td><td>保存于水中</td></tr>
<tr><td colspan="2">氧化剂</td><td>硝酸钾、氯酸钾、过氧化氢、过氧化钠、高锰酸钾等</td><td>具有强氧化性，遇酸、受热或与有机物、易燃品、还原剂等混合时，因反应引起燃烧或爆炸</td><td>不得与易燃品、爆炸品一起存放</td></tr>
<tr><td colspan="2">剧毒品</td><td>氰化钾、三氧化二砷、高汞盐、氯化钡等</td><td>剧毒，少量侵入人体（误食或接触伤口）引起中毒，甚至死亡</td><td>专人保管，现用现领，用后的剩余量，不论是固体或是液体都应交回保管人，并有使用登记</td></tr>
<tr><td colspan="2">腐蚀性药品</td><td>强酸、氟化氢、强碱、溴、酚等</td><td>具有强腐蚀性，触及物品造成腐蚀、破坏，触及皮肤引起化学烧伤</td><td>不要与氧化剂、易燃品、爆炸品放在一起</td></tr>
</table>

三、溶液及其配制

（一）一般溶液的配制

1．直接水溶法

适用于易溶于水而不易水解的固体试剂，如 NaCl、KCl、 NH_4NO_3 等。配制时先计算所需固体试剂的质量，用台秤或天平称出，放入烧杯中，以少量蒸馏水搅拌溶解后，再稀释至所需的体积。若试剂溶解时有放热现象或以加热促使其溶解的，应待其冷却后，再移至试剂瓶或容量瓶中，贴上标签备用。

2．介质水溶法

对易水解的固体试剂，如 $FeCl_3$、$SbCl_3$、$BiCl_3$ 和 $SnCl_2$ 等，配制其溶液时，称取一定量的固体加入适量的酸（或碱）使之溶解，再以蒸馏水稀释至所需体积，摇匀后移入试剂瓶。在水中溶解度较小的固体试剂如固体 I_2，可选用 KI 水溶液溶解，摇匀移入试剂瓶。

3．稀释法

对于液态试剂，如盐酸、硫酸等，配制其稀溶液时，用量筒量取所需浓溶液的量，再用适量的蒸馏水稀释。配制硫酸溶液时，需特别注意，应在不断搅拌下将浓硫酸缓缓倒入盛有适量水的容器中，切不可颠倒操作顺序。

（二）标准滴定溶液的配制

标准滴定溶液是滴定分析中具有准确浓度的溶液，用于滴定待测试样。其配制方法有直接法和标定法两种。

1．直接法

用基准试剂直接配制标准滴定溶液。通过准确称取一定量基准试剂，溶解后定量移入容量瓶中，用蒸馏水稀释至刻度，混合均匀制得。例如，$K_2Cr_2O_7$ 标准滴定溶液，用直接称量基准 $K_2Cr_2O_7$ 的方法配制。根据所称取基准试剂的质量和盛装容量瓶的体积，计算出该溶液的准确浓度值（应准确到四位有效数字）。

2．标定法

用基准试剂或标准试样校正所配标准滴定溶液浓度的过程叫做标定。有些试剂不具备作为基准试剂的条件，不能直接用来配制已知其准确浓度值的标准滴定溶液。可采用标定法，将试剂先配成近似于所需浓度的溶液，再用另一种基准试剂（或已知准确浓度的另一种标准滴定溶液）来标定它的准确浓度。例如，HCl 试剂易挥发，欲配制浓度 c_{HCl} 为 $0.100\,0\ mol \cdot L^{-1}$ 的 HCl 标准滴定溶液时，不能采用直接法。应先将浓 HCl 配制成浓度约为 $0.1\ mol \cdot L^{-1}$ 的稀溶液，然后称取一定量的基准试剂（如硼砂）对其进行标定，或用已知准确浓度的 NaOH 标准滴定溶液进行标定，求出 HCl

溶液的准确浓度。

用基准试剂标定时，可采用以下两种方式。

（1）称量法 准确称取 n 份基准试剂（当用待标定溶液滴定时，以每份需滴定该溶液 25 mL 左右来计算出每份基准试剂的称取质量），分别溶于适量水中，用待标定溶液滴定。根据待标定溶液所消耗的体积，计算其准确浓度。

（2）移液管法 准确称取质量较大的 1 份基准试剂，在容量瓶中配成一定体积的溶液，然后用移液管移取该溶液 n 份，分别用待标定的溶液滴定，根据待标定溶液所消耗的体积，计算出待标定溶液的准确浓度。该方法的优点在于一次称取质量较大的基准试剂，可作几次平行标定，既节约称量时间，又降低称量相对误差。但要注意，为了保证移液管移取溶液体积的准确度，必须先进行容量瓶与移液管之间的体积相对校准。

在配制和标定标准滴定溶液时，必须注意尽可能地降低操作中的误差。通常要求操作相对误差小于 0.1%，对基准试剂的称量和滴定剂所消耗的体积有一定的要求。一般分析天平的称量误差为±0.000 2 g，因此基准试剂称量质量应大于 0.2 g；而滴定管读数有±0.02 mL 的误差，所以消耗待标定标准滴定溶液的体积应在 20 mL 以上。

实际工作中，特别是在企业实验室，常采用“标准试样”来标定标准滴定溶液的浓度。“标准试样”含量是已知的，其组成与被测物质相近，分析过程中的系统误差可以抵消，结果准确度较高。

标定好的标准滴定溶液应妥善保存，根据其不同性质选择合适的容器或采取避光、防吸水等必要措施。例如，$AgNO_3$ 标准滴定溶液应贮存于棕色瓶中；碱性标准滴定溶液最好用聚乙烯类塑料瓶存放；对较不稳定的标准滴定溶液，存放一定时期后，使用前应重新标定。

（三）几种常用标准滴定溶液的配制与标定

1．酸碱滴定用标准滴定溶液

（1）0.1 $mol \cdot L^{-1}$ HCl 标准滴定溶液 配制：用洁净的量杯（或量筒）量取 9 mL 浓 HCl，注入预先盛有适量水的试剂瓶中，加水稀释至 1 L，摇匀。

标定：基准试剂不同，其标定的方法也有所不同，下面分别介绍。

① 用无水碳酸钠作基准试剂。标定时发生的化学反应方程式如下：

$$Na_2CO_3+2HCl = 2NaCl+H_2O+CO_2\uparrow$$

滴定至反应完全时，溶液的 pH 为 3.89，通常选用甲基橙作指示剂。

称量法 用减量法准确称取无水碳酸钠 3 份，每份为 0.2～0.23 g，分别放在 250 mL 锥形瓶内，加 50 mL 水溶解，摇匀，加 1 滴甲基橙指示剂，用 0.1 $mol \cdot L^{-1}$HCl 标准滴定溶液滴定到溶液刚好由黄变橙即为终点，由 Na_2CO_3 的质量及消耗的 HCl 体积，计算出 HCl 标准滴定溶液的准确浓度(准确到四位有效数字)。计算公式如下：

$$c_{HCl}=\frac{2m_{Na_2CO_3}}{V_{HCl}M_{Na_2CO_3}} \quad (1\text{-}1)$$

式中：2 —— HCl 与 Na_2CO_3 反应的计量比；

$M_{Na_2CO_3}$ —— Na_2CO_3 的摩尔质量，$g{\cdot}mol^{-1}$；

$m_{Na_2CO_3}$ —— 准确称量取得的 Na_2CO_3 质量，g；

V_{HCl} —— 所消耗的 HCl 的体积，L（下同）。

因无水碳酸钠吸水性强，通常采用下述移液管法。

移液管法　用减量法准确称取无水碳酸钠 1.3～1.5 g，置于 250 mL 烧杯中，加 50 mL 水搅拌溶解后，定量转入 250 mL 容量瓶中，用水稀释至刻度，摇匀，作为标准溶液备用。

用移液管移取 25 mL 上述 Na_2CO_3 标准溶液于 250 mL 锥形瓶中，加入 1 滴甲基橙指示剂，用 0.1 $mol{\cdot}L^{-1}$HCl 标准滴定溶液滴定至溶液刚好由黄色变为橙色即为终点，记下所消耗的 HCl 溶液体积。平行标定 3 份，计算出 HCl 标准滴定溶液的准确浓度。计算公式如下：

$$c_{HCl}=\frac{2m_{Na_2CO_3}\times 25.00}{V_{HCl}M_{Na_2CO_3}\times 250.0} \quad (1\text{-}2)$$

② 用硼砂作基准试剂。硼砂作为基准试剂的优点是摩尔质量大，称量引起的相对误差较小。硼砂用于标定 HCl 的反应式如下：

$$Na_2B_4O_7\cdot 10H_2O + 2HCl = 4H_3BO_3 + 2NaCl + 5H_2O$$

用减量法准确称取 0.5～0.6 g $Na_2B_4O_7\cdot 10\,H_2O$ 溶于 50 mL 水中，加 2 滴甲基红溶液，用 0.1 $mol{\cdot}L^{-1}$HCl 标准滴定溶液滴定至溶液由黄色变为微红色即为终点，记下所消耗的 HCl 溶液体积，计算出 HCl 标准滴定溶液的准确浓度。计算公式如下：

$$c_{HCl}=\frac{2m_{Na_2B_4O_7\cdot 10H_2O}}{V_{HCl}M_{Na_2B_4O_7\cdot 10H_2O}} \quad (1\text{-}3)$$

（2）0.1 $mol{\cdot}L^{-1}$ NaOH 标准滴定溶液　配制：称取 4.0 g 固体 NaOH，加适量水（新煮沸的冷蒸馏水）溶解，倒入具有橡皮塞的试剂瓶中，加水稀释至 1 L，摇匀。

标定的具体方法如下。

① 用邻苯二甲酸氢钾作基准试剂标定。此滴定所依据的反应式为：

$$KHC_8H_4O_4 + NaOH = KNaC_8H_4O_4 + H_2O$$

用减量法准确称取邻苯二甲酸氢钾 3 份，每份为 0.5～0.6 g，分别放入 250 mL 锥形瓶中，加入 50 mL 温热水溶解，冷却后加 2 滴酚酞指示剂，用 0.1 $mol{\cdot}L^{-1}$ NaOH 标准滴定溶液滴定至溶液刚好由无色呈现粉红色，并保持 30 s 不褪色，记下所消耗的 NaOH 溶液体积，计算出 NaOH 标准滴定溶液的准确浓度。计算公式如下：

$$c_{NaOH}=\frac{m_{KHC_8H_4O_4}}{V_{NaOH}M_{KHC_8H_4O_4}} \tag{1-4}$$

② 用草酸作基准试剂标定。草酸相当稳定，可作为基准试剂，但其摩尔质量较小，称量的相对误差较大。

草酸是二元弱酸，但 K_{a1}、K_{a2} 相差并不大（$K_{a1}=5.9\times10^{-2}$，$K_{a2}=6.4\times10^{-5}$），因此与强碱溶液作用时，按二元酸一次滴定反应完全计。其反应式如下：

$$H_2C_2O_4+2NaOH = Na_2C_2O_4+2H_2O$$

化学计量点的 pH 为 8.4，用酚酞作指示剂。

用减量法准确称取草酸（$H_2C_2O_4\cdot2H_2O$）3 份，每份为 0.2～0.25 g，分别放入 250 mL 锥形瓶中，加入 250 mL 经沸腾后冷却了的水，加酚酞 4 滴，用 0.1 $mol\cdot L^{-1}$ NaOH 标准滴定溶液滴定至微红色，并保持 30 s 不褪色，记下所消耗的 NaOH 溶液体积，计算出 NaOH 标准滴定溶液的准确浓度。计算公式如下：

$$c_{NaOH}=\frac{2m_{H_2C_2O_4\cdot2H_2O}}{V_{NaOH}M_{H_2C_2O_4\cdot2H_2O}} \tag{1-5}$$

若分析要求较高，需要不含 CO_3^{2-}离子的 NaOH 标准滴定溶液，常用下面两种方法配制：

a）在前面刚配好的 NaOH 标准滴定溶液中，加入 1～2 mL 200 g/L $BaCl_2$ 溶液，用橡皮塞塞好，摇匀，静置过夜。用虹吸管将上层清液吸入另一试剂瓶中，塞好备用。

b）在塑料容器中配制适量 500 g/L NaOH 溶液，静置，待沉淀（Na_2CO_3 不溶于浓 NaOH 溶液）下沉后，吸取上层清液，用新煮沸并冷却后的蒸馏水稀释至一定体积。

标定方法同上。

2. 配位滴定用标准滴定溶液

0.02 $mol\cdot L^{-1}$ EDTA 标准滴定溶液的配制方法是：称取 8 g $Na_2H_2Y\cdot2H_2O$（乙二胺四乙酸二钠，即 EDTA）置于 250 mL 烧杯中，加水微热溶解后，稀释到 1 L，转入试剂瓶中，摇匀。

标定的具体方法如下。

（1）用 $CaCO_3$ 作基准试剂标定　Ca^{2+}标准溶液的配制（0.02 $mol\cdot L^{-1}$）：用减量法准确称取 $CaCO_3$ 0.5～0.6 g 于 250 mL 烧杯中，用 1∶1 HCl 溶液加热溶解，待冷却后移入 250 mL 容量瓶中，用水稀释至刻度，摇匀。

EDTA 标准滴定溶液浓度的标定：用移液管移取 25.00 mL 上述 Ca^{2+}标准溶液于 250 mL 锥形瓶中，加入 70～80 mL 水，加 5 mL 200 g/L NaOH 溶液，并加少量钙指示剂，用 0.02 $mol\cdot L^{-1}$EDTA 标准滴定溶液滴定至溶液由酒红色恰变为纯蓝色，记下所消耗的 EDTA 溶液体积，计算出 EDTA 标准滴定溶液的准确浓度。计算公式如下：

$$c_{EDTA}=\frac{m_{CaCO_3}}{10V_{EDTA}M_{CaCO_3}} \tag{1-6}$$

（2）用金属 Zn 作基准试剂标定　Zn^{2+}标准溶液的配制（0.02 mol·L^{-1}）：准确称取金属 Zn 0.4～0.5 g，置于 250 mL 烧杯中，盖好表面皿，然后逐滴加入 10 mL HCl 溶液（1∶1），必要时可微热使之溶解完全，冷却后，定量转入 250 mL 容量瓶中，加水稀释至刻度，摇匀。

EDTA 标准滴定溶液浓度的标定：移取 25.00 mL Zn^{2+}标准溶液，置于 250 mL 锥形瓶中，加水约 30 mL、二甲酚橙指示剂 1～2 滴，滴加 $NH_3·H_2O$ 溶液（1∶1）至溶液由黄色刚变为橙色，然后加 5 mL 六亚甲基四胺溶液，用 0.02 mol·L^{-1}EDTA 标准滴定溶液滴定至溶液由紫红色恰变为亮黄色，即为终点。根据滴定用去的 EDTA 溶液的体积和 Zn^{2+}溶液的浓度，计算 EDTA 标准滴定溶液的浓度。计算公式如下：

$$c_{EDTA}=\frac{m_{Zn}}{10\,V_{EDTA}M_{Zn}} \tag{1-7}$$

3．氧化还原滴定用标准滴定溶液

（1） 0.02 mol·L^{-1} $KMnO_4$ 标准滴定溶液　市售的 $KMnO_4$ 常含有少量杂质。$KMnO_4$ 是强氧化剂，易与水中的有机物、空气中的尘埃以及氨等还原性物质作用。$KMnO_4$ 能自行分解，其分解反应如下：

$$4KMnO_4+2H_2O = 4MnO_2+4KOH+3O_2\uparrow$$

分解速度随溶液的 pH 而变。在中性溶液中分解很慢，但 Mn^{2+}、MnO_2 能加速 $KMnO_4$ 的分解，见光则分解更快。由此可知 $KMnO_4$ 溶液的浓度容易改变，必须正确地配制和保存。

配制：用台秤称取 3.3 g $KMnO_4$ 溶于 1 L 水中，盖上表面皿，加热煮沸 1 h，煮时要及时补充水。静置一周后，用 G_4 号玻璃砂芯漏斗过滤，保存于棕色瓶中待标定。

标定：可用于标定 $KMnO_4$ 标准滴定溶液的基准试剂相当多，如 $Na_2C_2O_4$、$H_2C_2O_4·2H_2O$、As_2O_3 和纯铁丝等，其中 $Na_2C_2O_4$ 不含结晶水，容易精制，最为常用。

在 H_2SO_4 溶液中，MnO_4^-与 $C_2O_4^{2-}$的反应如下：

$$2MnO_4^-+5C_2O_4^{2-}+16H^+ = 2Mn^{2+}+10CO_2+8H_2O$$

标定时，用减量法准确称取 0.2～0.25 g $Na_2C_2O_4$（称量前于 105～110℃烘 2 h）3 份，分别置于 250 mL 烧杯中，加入 20 mL 蒸馏水溶解，加热近沸，加入 2 mol·L^{-1} H_2SO_4 15 mL，此时溶液温度在 70～85℃，立即用上述 0.02 mol·$L^{-1}$$KMnO_4$ 标准滴定溶液滴定。开始时 $KMnO_4$ 溶液加入后褪色很慢，待前一滴溶液褪色后再加入第二滴。当接近计量点时，反应亦较慢。应始终保持溶液的温度不低于 60℃，继续滴定至

溶液出现微红色，并保持 30 s 不褪色即为终点，记下所消耗的 $KMnO_4$ 溶液体积，计算 $KMnO_4$ 标准滴定溶液的浓度。计算公式如下：

$$c_{KMnO_4}=\frac{2}{5}\times\frac{m_{Na_2C_2O_4}}{V_{KMnO_4}M_{Na_2C_2O_4}} \tag{1-8}$$

（2）0.008 mol·L^{-1} $K_2Cr_2O_7$ 标准滴定溶液　用减量法准确称取 2.4～2.6 g $K_2Cr_2O_7$ 基准试剂溶于适量水中，定量转入 1 000 mL 容量瓶中，用水稀释至刻度，摇匀。

因 $K_2Cr_2O_7$ 是基准试剂，直接计算其准确浓度：

$$c_{K_2Cr_2O_7}=\frac{m_{K_2Cr_2O_7}}{V_{K_2Cr_2O_7}M_{K_2Cr_2O_7}} \tag{1-9}$$

（3）0.05 mol·L^{-1} $Na_2S_2O_3$ 标准滴定溶液　结晶硫代硫酸钠（$Na_2S_2O_3\cdot 5\,H_2O$）一般含少量杂质，如 S、Na_2SO_4 等，在空气中又易风化和潮解，所以 $Na_2S_2O_3$ 标准滴定溶液不能用直接法配制。通常是将 $Na_2S_2O_3$ 配成近似浓度的溶液，放置一段时间，然后再以 $K_2Cr_2O_7$ 为基准试剂予以标定。

配制：用台秤称取 $Na_2S_2O_3\cdot 5H_2O$ 12.5 g 和 Na_2CO_3 0.5 g，溶于 1 L 经煮沸后冷却了的蒸馏水中，转移到试剂瓶中，摇匀，静置一周后，过滤备用。

标定：可以用 $K_2Cr_2O_7$、KIO_3 等基准试剂来标定 $Na_2S_2O_3$ 溶液的浓度。在此利用上述所配 0.008 mol·L^{-1} $K_2Cr_2O_7$ 标准滴定溶液来进行标定，即在弱酸性溶液中，$K_2Cr_2O_7$ 与过量的 KI 作用析出 I_2，以淀粉为指示剂，用 $Na_2S_2O_3$ 溶液来滴定析出的 I_2。反应式如下：

$$Cr_2O_7^{2-}+6I^-+14H^+ = 2Cr^{3+}+3I_2+7H_2O$$

$$I_2+2\,S_2O_3^{2-} = S_4O_6^{2-}+2I^-$$

标定时，用移液管移取 25.00 mL 已知准确浓度的 $K_2Cr_2O_7$ 标准滴定溶液 3 份，分别置于 250 mL 锥形瓶中，加入 3 mol·L^{-1}HCl 5 mL 和 1 g KI，摇匀后放置暗处 5 min，待反应完全后，用蒸馏水稀释至 50 mL，用 $Na_2S_2O_3$ 标准滴定溶液滴定至黄绿色，加入 2 mL 淀粉溶液，继续滴定至溶液蓝色消失呈现浅绿色即为终点，记下所消耗的 $Na_2S_2O_3$ 溶液体积，计算 $Na_2S_2O_3$ 标准滴定溶液的准确浓度。计算公式如下：

$$c_{Na_2S_2O_3}=\frac{6m_{K_2Cr_2O_7}}{V_{Na_2S_2O_3}M_{K_2Cr_2O_7}} \tag{1-10}$$

$Na_2S_2O_3$ 易受水中溶解的 CO_2、空气和微生物的作用而分解，需采用新煮沸后冷却的纯水来配制。$Na_2S_2O_3$ 在酸性溶液中极不稳定，在 pH 为 9～10 最稳定，配制该标准滴定溶液时需加入少量 Na_2CO_3，防止 $Na_2S_2O_3$ 分解。日光也能促进 $Na_2S_2O_3$ 分解，故 $Na_2S_2O_3$ 标准滴定溶液应贮于棕色瓶中置于暗处保存。长期使用的 $Na_2S_2O_3$ 标准滴定溶液要定期标定。

（4）0.05 mol·L^{-1} 碘标准滴定溶液　配制：用台秤称取 12.7 g I_2，另称 25 g KI，溶于 150 mL 水中，用水稀释至 1 L 转入试剂瓶中。必要时，可用玻璃棉过滤。

标定方法有以下两种。

① 用 $Na_2S_2O_3$ 标准滴定溶液。滴定反应为：

$$I_2 + 2S_2O_3^{2-} = S_4O_6^{2-} + 2I^-$$

用移液管移取上述已知准确浓度的 0.05 mol·L^{-1} $Na_2S_2O_3$ 标准滴定溶液 25.00 mL 于 250 mL 锥形瓶中，加入淀粉溶液 2 mL，用 0.05 mol·L^{-1} 碘标准滴定溶液滴定至出现微蓝色即为终点，记下所消耗的碘溶液体积，计算碘标准滴定溶液的准确浓度。计算公式如下：

$$c_{I_2} = \frac{c_{S_2O_3^{2-}} V_{S_2O_3^{2-}}}{2V_{I_2}} \tag{1-11}$$

② 用 As_2O_3 作基准试剂。As_2O_3 难溶于水，可溶于碱溶液，反应式如下：

$$As_2O_3 + 6OH^- = 2AsO_3^{3-} + 3H_2O$$

AsO_3^{3-}与 I_2 的反应式如下：

$$AsO_3^{3-} + I_2 + H_2O = AsO_4^{3-} + 2I^- + 2H^+$$

标定时，用减量法准确称取 As_2O_3 0.3～0.4 g，置于碘瓶中，加 1 mol·L^{-1} 的 NaOH 溶液 4 mL，低温溶解后加 50 mL 水，再加 2 滴酚酞溶液，用 1 mol·L^{-1} 的 H_2SO_4 中和，然后加 3 g $NaCO_3$ 及 3 mL 淀粉溶液，用 0.05 mol·L^{-1} 碘标准滴定溶液滴定至淡蓝色即为终点，记下所消耗的碘溶液体积，计算碘标准滴定溶液的准确浓度。计算公式如下：

$$c_{I_2} = \frac{m_{As_2O_3}}{V_{I_2} M_{As_2O_3}} \tag{1-12}$$

（5）0.05 mol·L^{-1} 硫酸亚铁（或硫酸亚铁铵）标准滴定溶液　配制：用台秤称取 14 g $FeSO_4 \cdot 7H_2O$[或 20 g$(NH_4)_2Fe(SO_4)_2 \cdot 6H_2O$]，加 1∶1 H_2SO_4 和水各 50 mL，溶解后稀释至 1 L。如果混浊，可用脱脂棉过滤。

用 $K_2Cr_2O_7$ 标液标定。化学反应式如下：

$$Cr_2O_7^{2-} + 6Fe^{2+} + 14H^+ = 2Cr^{3+} + 6Fe^{3+} + 7H_2O$$

标定时，用移液管移取 25.00 mL 待标定的标准滴定溶液，加 10 mL 硫—磷混酸（将 150 mL 浓 H_2SO_4 缓慢加入 700 mL 水中，冷却后，再加入 150 mL 磷酸，混匀），用水稀释至 100 mL，加 4 滴二苯胺磺酸钠溶液指示剂，用已知准确浓度的 0.008 mol·L^{-1} $K_2Cr_2O_7$ 标准滴定溶液滴定至呈亮紫色即为终点，记下所消耗 $K_2Cr_2O_7$ 溶液的体积，计算硫酸亚铁标准滴定溶液的准确浓度。计算公式如下：

$$c_{FeSO_4} = \frac{6c_{K_2Cr_2O_7}V_{K_2Cr_2O_7}}{V_{FeSO_4}} \tag{1-13}$$

4．沉淀滴定用标准滴定溶液

（1）0.1 mol·L^{-1}氯化钠标准滴定溶液　配制：用减量法准确称取5.8 g NaCl（已于电炉上炒至无爆炸声，于干燥器中冷却至室温），置于小烧杯中，用蒸馏水溶解后，转入1 L容量瓶中，加水稀释至刻度，摇匀。

因NaCl是基准试剂，无须标定。该标准滴定溶液浓度计算公式为：

$$c_{NaCl} = \frac{m_{NaCl}}{V_{NaCl}M_{NaCl}} \tag{1-14}$$

（2）0.1 mol·L^{-1}硝酸银标准滴定溶液　配制：用台秤称取17.5 g $AgNO_3$，溶于1 L不含氯离子的蒸馏水中，保存于棕色瓶中，放在暗处，以防见光分解。

标定：用移液管移取3份已知准确浓度的0.1 mol·L^{-1} NaCl标准滴定溶液25.00 mL，分别置于250 mL锥形瓶中，加水15 mL，加入50 g/L K_2CrO_4溶液（指示剂）1 mL，在不断摇动下用0.1 mol·L^{-1}$AgNO_3$标准滴定溶液滴定至呈现砖红色即为终点，记下所消耗的$AgNO_3$溶液体积，计算其准确浓度。

本方法须作空白校正，方法是：加1 mL指示剂至相当于滴定终点时体积的水中，用0.1 mol·L^{-1}的$AgNO_3$滴定至空白的颜色与标定时终点的颜色相同，所耗量不应大于0.03～0.10 mL。该硝酸银标准滴定溶液的浓度计算公式为：

$$c_{AgNO_3} = \frac{c_{NaCl}V_{NaCl}}{V_{AgNO_3} - V'_{AgNO_3}} \tag{1-15}$$

式中：V'_{AgNO_3}—— 指示剂空白校正所耗$AgNO_3$溶液的体积。

（3）0.1 mol·L^{-1}硫氰酸钾（或硫氰酸铵）标准滴定溶液　配制：用台秤称取10 g KSCN（或8 g NH_4SCN），溶于1 L水中，移入试剂瓶中，摇匀。

标定：用移液管移取25.00 mL上述已知准确浓度的0.1 mol·L^{-1}$AgNO_3$标准滴定溶液3份，分别置于250 mL锥形瓶中，加200 g/L硫酸高铁铵溶液5 mL，用KSCN标准滴定溶液滴定至呈现微红色即为终点，记下所消耗的KSCN溶液的体积，计算其浓度。计算公式为：

$$c_{KSCN} = \frac{c_{AgNO_3}V_{AgNO_3}}{V_{KSCN}} \tag{1-16}$$

也可以直接用纯银作基准物来标定KSCN标准滴定溶液的浓度。

第三节　化学实验用水

水是化学实验中使用最多的试剂，也是最常用的廉价溶剂和洗涤液。水质的好坏往往直接影响实验结果。天然水和自来水中通常溶解有无机盐（如钙、镁的酸式碳酸盐、硫酸盐、氯化物等）、气体（如氧气、二氧化碳等）和某些低沸点易挥发的有机物等杂质，因此天然水和自来水都不宜直接用来做化学实验，必须经过净化处理，制备成较为纯净的实验室用水。

一、化学实验用水的级别

实验室制得的纯水并不是绝对不含杂质，只是杂质的含量极微小。我国实验室用水规格的国家标准（GB 6682—92）规定了实验室用水的级别、技术指标及检验方法。实验室用水的级别及主要指标见表1-6。

表1-6　实验室用水的级别及主要指标

指标名称		一级	二级	三级
pH范围（25℃）		—	—	5.0～7.5
电导率（25℃）/mS·m^{-1}	≤	0.01	0.10	0.50
吸光度（254 nm，1 cm光程）	≤	0.001	0.01	—
可氧化物质（以氧计）/mg·L^{-1}	≤	—	0.08	0.4
蒸发残渣（105℃±2℃）/mg·L^{-1}	≤	—	1.0	2.0
可溶性硅（以SiO_2计）/mg·L^{-1}	≤	0.01	0.02	—

说明：① 由于在一级水、二级水的纯度下，难以测定其真实的pH值，因此，对其pH范围不做规定；

② 由于一级水的纯度下，难以测定其可氧化物质和蒸发残渣，因此对其限量不做规定，可用其他条件和制备方法来保证一级水的质量。

实验室的纯水来之不易，应根据实验对水质的要求合理选用适当级别的纯水，并注意节约用水。一般实验和化学分析实验用水，使用三级水即可；特殊实验或特别标明的实验才会用到二级水和一级水。如仪器分析实验测定微量杂质时，一般使用二级水；测定痕量杂质时使用一级水。

二、实验室用水的制备

三级水是使用得最普遍的纯水。其常用的制备方法是蒸馏法、离子交换法和电渗析法。过去多采用蒸馏（用铜质或玻璃蒸馏装置）法制备，故三级水常被称为蒸馏水。为节约能源和减少污染，目前多改用离子交换法和电渗析法制备三级水。

蒸馏法设备成本低，操作简单，但能量消耗大，出水量较小，只能除去水中非挥发性杂质。

离子交换法制备纯水，是用离子交换树脂来分离出水中的杂质离子。用这种方法制得的纯水通常称为去离子水。其所用设备和操作均不复杂，优点是出水量大，制纯水成本低，除去离子的能力强，能除去原水中绝大部分盐、碱和游离酸，但不能除去非电解质（如有机物）杂质，而且尚有微量离子交换树脂溶在水中，故去离子水中常含有微量的有机物。

电渗析法是在直流电场的作用下，利用阴、阳离子交换树脂制成的膜对原水中存在的阴、阳离子选择性渗透的性质而去除水中离子型杂质。与离子交换法相似，电渗析法也不能除去非离子型杂质。好的电渗析器所制备的纯水的电阻率为 0.15～0.20 MΩ·cm，该指标接近三级水的质量。

二级水：可含有微量的无机、有机或胶态杂质。主要是采用蒸馏水、反渗透水或去离子水再经玻璃或石英蒸馏水器蒸馏而制得。

一级水：基本上不含有溶解或胶态离子杂质及有机物，可用二级水再经石英蒸馏水器第三次蒸馏而制得。

二级水和一级水一般要求现制备现用，不宜存放。

三、检验方法

纯水质量的主要指标是电导率（或换算成电阻率）。测定电导率应选用适于测定高纯水的电导率仪（最小量程为 0.02 $\mu S \cdot cm^{-1}$）。测定一、二级水时，电导池常数为 0.01～0.1，进行“在线”（即将电极装入制水设备的出水管道中）测定。测定三级水时，电导池常数为 0.1～1，用烧杯接取约 300 mL 水样，立即测定。

电导率仪应有温度补偿功能，否则应在测定电导率的同时测定水温，再换算成25℃时的电导率。

在实际工作中，有些实验对水有特殊的要求，还要检验有关的项目，例如 pH、钙离子、氯离子等，其方法如下。

（1）酸度　要求纯水的 pH 在 6～7，检查方法是在两支试管中各加 10 mL 待测水，一支试管中加 2 滴 0.1%甲基红指示剂，不显红色，另一支试管中加 5 滴 0.1%溴百里酚蓝指示剂，不显蓝色，即为合格。

（2）硫酸根　取待测水 2～3 mL，放入试管中，加 2～3 滴 2 $mol \cdot L^{-1}$ 盐酸酸化，再加 1 滴 1 g/L 的氯化钡溶液，放置 15 h，无沉淀析出为合格。

（3）氯离子　取 2～3 mL 待测水，加 1 滴 6 $mol \cdot L^{-1}$ 硝酸酸化，再加 1 滴 1 g/L 硝酸银溶液，不产生混浊为合格。

（4）钙离子　取 2～3 mL 待测水，加数滴 6 $mol \cdot L^{-1}$ 氨水使之呈碱性，再加饱和草酸溶液 2 滴，放置 12 h 后，应无沉淀析出。

（5）镁离子　取 2～3 mL 待测水，加 1 滴 0.1%达旦黄及数滴 6 $mol \cdot L^{-1}$ 氢氧化

钠溶液，如有淡红色出现，即有镁离子，如呈橙色则合格。

（6）硅酸根离子　在滤纸上加 1 滴待测试液，1 滴 30 g/L 的$(NH_4)_2MoO_4$溶液，烘干，再加 1 滴联苯胺醋酸（1 g 联苯胺溶于 100 mL 2 mol·L^{-1}醋酸溶液中制得）溶液，1 滴饱和醋酸钠溶液，斑点显蓝色，示有 SiO_3^{2-}存在。

还需指出：纯水在与空气接触或贮存过程中，由于容器材料可溶解成分的溶解、或吸收空气中 CO_2 等气体，以及空气中粉尘杂质的引入，都会引起纯水质量的改变，水越纯，影响越显著，所以高纯水要临用前制备，不宜存放。

第四节　滤纸与试纸

一、滤纸及其使用

滤纸是用精制高级棉浆或木浆为原料制成的一种具有良好过滤性能的纸。其纯度高、组织均匀、具有一定强度。主要用于沉淀的分离和定量化学分析中的重量分析。滤纸有各种不同的类型，在实验过程中，应根据实验要求和沉淀的性质、数量合理地选用。

1. 滤纸的分类与主要技术指标

化学实验室中常用的滤纸分为定量滤纸和定性滤纸两种。定量滤纸用于重量分析。按过滤速度和分离性能的不同，定量滤纸和定性滤纸又可分为快速、中速和慢速滤纸三类，分别以白带、蓝带和红带的有色纸带标志在滤纸盒上。

滤纸的外形有圆形和方形两种。常用的圆形滤纸有 9 cm、11 cm 和 15 cm 等规格。方形滤纸大多是定性滤纸，有 60 cm×60 cm 和 30 cm×30 cm 等规格。

国家标准《化学分析滤纸》（GB/T 1914—1993）对定量滤纸和定性滤纸产品的分类、型号和技术指标都有规定。滤纸产品质量分为 A、B 和 C 三个等级。A 等定性、定量滤纸产品的主要技术指标及规格见表 1-7。

2. 滤纸的选择

重量分析选用定量滤纸。因为定量滤纸的纯度很高，每张滤纸灼烧后的灰分为 0.03～0.06 mg，灰分极少，俗称无灰滤纸。定性滤纸一般含有微量杂质，常用于无机物沉淀的分离和有机物重结晶的过滤。

滤纸的孔隙大小不同，其过滤速度不同。快速滤纸适合于胶状、非晶形（如氢氧化铁、氢氧化铝等）不易过滤的沉淀过滤；中速滤纸适合于粗晶形沉淀（如碳酸锌、磷酸镁铵等）的过滤；慢速滤纸适合于细晶形沉淀（如硫酸钡、草酸钙等）的过滤。根据沉淀量的多少选用不同大小的滤纸，一般要求沉淀的总体积不得超过滤纸折成锥体高度的 1/3。

表 1-7 A 等定性、定量滤纸产品的主要技术指标及规格

指标		快速（白带）	中速（蓝带）	慢速（红带）
过滤速度（滤出 6 mL 水所需时间）/s ≤		35	70	140
型号	定性滤纸	101	102	103
	定量滤纸	201	202	203
分离性能（沉淀物）		氢氧化铁（胶状）	碳酸锌（粗晶型）	硫酸钡（细晶型）
湿耐破度/mmH_2O（水柱） ≥		130	150	200
灰分/%	定性滤纸 ≤	0.13		
	定量滤纸 ≤	0.009		
滤纸质量/g·m^{-2}		80.0±4.0		
圆形纸直径/cm		7，9，11，12.5，15，18，22		
方形纸尺寸/cm		60×60，30×30		

二、试纸及其使用

试纸是用滤纸浸渍了指示剂或试剂溶液后制成的干燥纸条。常用来定性检验一些溶液的性质或某些物质的存在。其具有操作简单、使用方便、反应快速等特点。各种试纸都应密封保存好，防止被实验室中的气体或其他物质污染而变质、失效。

（一）试纸的分类

试纸的种类很多，实验室中常用的有酸碱试纸和特制专用试纸。酸碱试纸用来检验溶液的酸碱性；特制专用试纸具有专属性，是专门为检测某种物质的存在而特别制作的。下面介绍实验室中常用的几种试纸。

1. 酸碱试纸

常见的有 pH 试纸、石蕊试纸和刚果红试纸。

（1）pH 试纸　能具体测出溶液的 pH。pH 试纸分广泛试纸和精密试纸两种。广泛试纸只能粗略测定溶液的 pH（为整数值）；精密 pH 试纸在酸碱度变化较小的情况下就有颜色变化，能较精确地测定出溶液的 pH，其数值可测到小数点后一位，如 pH 为 3.4。

（2）石蕊试纸　石蕊试纸分蓝色和红色两种，蓝色试纸在酸性溶液中变成红色；红色试纸在碱性溶液中变成蓝色。用于判断溶液是呈酸性还是碱性。

（3）刚果红试纸　刚果红试纸自身为红色，遇酸呈蓝色，遇碱又变回红色。

2. 专用试纸

常用的专用试纸见表 1-8。必要时可自己制作。

表 1-8 常用专用试纸

名　称	制备方法	用　途
醋酸铅试纸	将滤纸浸于 100 g/L 醋酸铅溶液中，取出后在无硫化氢环境下晾干	检验痕量 H_2S，因生成黑色 PbS 使试纸变黑色
碘化钾-淀粉试纸	于 100 mL 新配制的 5 g/L 淀粉溶液中，加入碘化钾 0.2 g，将滤纸放入该溶液中浸透，于暗处晾干，保存在密闭的棕色瓶中	检验氧化性气体如 Cl_2、Br_2 等，因 KI 被氧化析出 I_2，I_2 遇淀粉显蓝紫色
碘酸钾-淀粉试纸	将 KIO_3 1.07 g 溶于 100 mL 0.025 mol/L 硫酸中，加入新配制的 5 g/L 淀粉溶液 100 mL，将滤纸浸入后，晾干	检验 NO、SO_2 等还原性气体，因 KIO_3 被还原为 I_2，I_2 遇淀粉显蓝紫色
硝酸银试纸	将滤纸浸于 250 g/L 的硝酸银溶液中，晾干后保存在棕色瓶中	检验 H_2S，因生成黑色 Ag_2S 使试纸变黑色
氯化钯试纸	将滤纸浸入 2 g/L 氯化钯溶液中，干燥后再浸入 5%的醋酸中，晾干	检验 CO，因还原出金属钯而使试纸变黑色

（二）试纸的使用

1．酸碱试纸的使用

撕下一小条试纸，放在洁净而干燥的表面皿中，用玻璃棒蘸取少量待测溶液，点在该试纸中部，观察其颜色变化，并与试纸所配的标准色卡对比，确定溶液的 pH。切勿用试纸直接蘸取待测溶液或浸泡在待测溶液中，导致溶液的污染。

2．专用试纸的使用

用专用试纸检验气体时，将试纸润湿后黏在玻璃棒的一端，悬放在盛有待测物质的试管口或烧杯上方，观察试纸颜色的变化，以确定某种气体是否存在。

第五节　实验室的安全、环保和事故处理常识

一、化学实验室安全规则

在化学实验中，经常使用腐蚀性、易燃、易爆或有毒的化学试剂；大量使用易损的玻璃仪器和精密分析仪器；使用煤气、水、电等。为确保实验的正常进行和人身安全，必须严格遵守实验室的安全规则。

（1）必须熟悉实验室及其周围环境和水闸、电闸、灭火器的位置，便于遇到突发事件时能及时采取相应的处理措施。

（2）使用电器设备时，不能用湿手去开启电闸，以防触电。

（3）所有能产生有毒有气味气体的实验和操作，都应在通风橱内进行。如取用浓的 HNO_3、HCl、$HClO_4$、醋酸、氨水及挥发性有机试剂时，应在通风橱中操作。

（4）不得用手直接拿取试剂，要用药匙或指定的容器取用；取用一些强腐蚀性的试剂如氢氟酸、溴水等，需戴上防护手套。

（5）使用易燃物（如酒精、丙酮、乙醚等）、易爆物（如氯酸钾）时，应远离火源，用完后应及时加盖存放在阴凉通风处。低沸点的有机溶剂应在水浴上加热。

（6）热、浓的 $HClO_4$ 遇有机物反应剧烈，易发生爆炸，如果试样为有机物，应先用浓硝酸加热反应，待有机物被破坏后，再加入 $HClO_4$。蒸发 $HClO_4$ 所产生的烟雾易在通风橱中凝聚，经常使用 $HClO_4$ 的通风橱应定期用水冲洗，以免 $HClO_4$ 的凝聚物与尘埃、有机物作用，引起燃烧或爆炸，造成事故。

（7）汞盐、砷化物、氰化物等剧毒物品，使用时应特别小心。氰化物不能接触酸，因作用时产生剧毒的 HCN。含有氰化物的废液应先倒入碱性亚铁盐溶液中，使其转化为亚铁氰化铁盐类，才可作为废液处理。严禁不经处理直接倒入下水道或废液缸中。

（8）实验室内严禁饮食、吸烟，防止一切化学药品入口。实验完毕后，认真洗手。

二、安全用电常识

（1）在使用电气动力时，必须事先检查电路及仪器设备是否安装妥善。

（2）开始工作或停止工作时，必须将开关彻底合上或断开。

（3）注意保持电源线路的干燥，不能有裸露的电源线，防止实验室内发生火花，因为空气中有可能构成爆炸性混合气体和可燃性气体。

（4）严禁用铁柄毛刷或湿布清扫带电的电器。

（5）凡电气动力设备发生过热现象，必须立即停止运转，待查明原因并处理完毕方可再行运转。

（6）使用高压电源工作时，必须采取适当的防护措施，不可过分信赖自己的小心谨慎。

（7）受到触电伤害时，须立即切断电源或及时用不导电的物体把触电者从电线上移开，并对触电者采取救护处理。

三、易燃、强腐蚀和有毒化学试剂的使用

（1）盛装试剂、药品和溶液的试剂瓶及容器必须贴有标签。有毒试剂必须与一般试剂分开存放。一旦有毒物质撒落时，应立即全部收拾起来，并把落过有毒物质的桌子和地板洗净。

（2）严禁试剂入口，如需以鼻鉴别试剂的气味时，应将试剂瓶远离鼻子，以手轻轻煽动气体，嗅取完成。

（3）强腐蚀性和有毒试剂，取用时尽可能戴上胶皮手套和防护眼镜等。如瓶子

较大，搬运时必须一手托住底部，一手扶住颈部。腐蚀性试剂不得在烘箱内烘烤。

（4）使用或产生有毒气体、蒸气的实验，必须在通风橱内进行。必要时还应戴上防毒面具。

（5）挥发性有机试剂应存放在通风良好的场所、冰箱或铁柜内。易燃药品不可放在电炉或其他火源的附近，特别是易燃性有机溶剂。因为这类物质的蒸气大都比空气重，能在地面或工作台上面流动遇火源被点燃或引爆。

（6）开启易挥发试剂的瓶盖时，不可将瓶口对着自己或他人的脸部，避免大量气液冲出造成伤害。夏季或室温较高，开启挥发性试剂的瓶盖时，应先把试剂瓶放在冷水里降温冷却。

（7）需对易挥发及易燃性有机溶剂加热时，应在水浴锅或严密的电热板上缓慢地进行。严禁用明火或电炉直接加热。

（8）易发生爆炸的操作，须加强安全措施，事先避免可能发生的伤害。避免与人相对，必要时戴上面罩或使用防护挡板。

四、实验室废弃物处理

实验室的废弃物主要指实验中产生的废气、废水、废渣（简称“三废”）。为了防止环境污染，保证实验人员及他人的健康，对于排放的废弃物，实验人员须按照有关规章制度的要求，采取适当的处理措施，使其浓度达到国家环境保护的排放标准。

1. 废气处理

主要是对实验室中产生的有害健康和环境的气体进行处理，如一氧化碳、甲醇、氨、汞、酚、氧化氮、氯化氢、氟化氢气体和蒸气。这类实验须在通风橱内完成，操作者只要做好防护工作，一般不会受到任何伤害。在实验过程中所产生的危害气体和蒸气通过排风设备排到室外，对少量的低浓度有害气体是允许的。因为少量的有害气体在大气中通过稀释和扩散等作用，危害大大降低。但大量的高浓度的废气在排放之前，必须进行预处理，使排放的废气达到国家规定的排放标准。

实验室对废气预处理最常用的方法是吸收法。即根据被吸收气体组分的性质，选择合适的吸收剂（液）。例如，氯化氢气体可用氢氧化钙溶液吸收。除吸收法外，常用的预处理方法还有吸附法、氧化法、分解法等。

2. 废液处理

实验室废液多数含有化学物质，其危害较大，直接排入下水道、浸入地下，流入江河，污染水源、土壤和环境，危及人体的健康，所以不能直接排放，应根据污物性质分别收集处理。

下面介绍几种处理方法。

（1）无机酸类　废无机酸先收集于陶瓷缸或塑料桶中，然后用碳酸钠或氢氧化钙的水溶液中和，或用废碱中和。中和后用大量水冲稀排放。

（2）氢氢化钠、氨水废液　用稀废酸中和后，用大量水冲稀排放。

（3）含汞、砷、锑、铋等离子的废液　控制溶液酸度为 0.3 mol/L 的[H^+]，再以硫化物形式沉淀，以废渣的形式处理。

（4）含氰废液　氰化物遇酸产生较毒的氰化氢气体，瞬时可使人丧命。把含氰废液倒入废酸缸中是极其危险的。含氰废液应先加入氢氧化钠使 pH 为 10 以上，再加入过量的 30 g/L $KMnO_4$ 溶液，使 CN^-被氧化分解。若 CN^-含量过高，可加入过量的次氯酸钙和氢氧化钠溶液进行破坏。另外，氰化物在碱性介质中与亚铁盐作用可生成亚铁氰酸盐而被破坏。

（5）含氟废液　加入石灰使生成氟化钙沉淀，以废渣的形式处理。

（6）有机溶剂　若废液量较多，有回收价值的溶剂应蒸馏回收使用。无回收价值的少量废液可以用水稀释排放。若废液量大，可用焚烧法进行处理。不易燃烧的有机溶剂，可用废易燃溶剂稀释后再焚烧。

（7）黄曲霉毒素　可用 25 g/L 的次氯酸钠溶液浸泡达到去毒的效果。25 g/L 的次氯酸钠溶液配制方法：取 100 g 漂白粉，加入 500 mL 水，搅拌均匀，另将 80 g 工业用碳酸钠溶于 500 mL 温水中，将两液搅拌混合，澄清后过滤，此滤液含 25 g/L 次氯酸钠。

（8）少量废液　最简单的处理方法是用大量水稀释后排放。根据污物排放最高容许浓度以及废物的量，估计应用水稀释的倍数，以免稀释度不够污物排放超标，过量稀释又浪费水。

3．废渣处理

废弃的有害固体药品或反应中得到的沉淀严禁倒入生活垃圾堆中，必须进行处理。废渣处理方法是先解毒后深埋。首先根据废渣的性质，选择合适的化学方法或通过高温分解等，使废渣的毒性减小到最低限度，然后将残渣挖坑深埋。

五、实验室中一般伤害的处理

实验时，若有事故发生，应沉着、冷静，正确应对。实验室意外事故的处理方法见表 1-9。事故如果严重，应立即送医院医治。

表 1-9　实验室一般伤害事故的处理方法

事　故	正确处置方法
酸类“烧”伤	先用大量水冲洗，然后用 50 g/L 碳酸钠溶液冲洗
氢氟酸“烧”伤	迅速用水冲洗，再用 50 g/L 苏打溶液冲洗，然后浸泡在冰冷的饱和硫酸镁溶液中半小时，最后敷以硫酸镁 26%、氧化镁 6%、甘油 18%、水和盐酸普鲁卡因 1.2%配成的药膏（或甘油和氧化镁质量比为 2∶1 的悬浮剂涂抹，用消毒纱布包扎）
强碱“烧”伤	立即用大量水冲洗，然后用 10 g/L 的柠檬酸或硼酸溶液冲洗

事　故	正确处置方法
磷烧伤	用 10 g/L 硫酸铜、10 g/L 硝酸银或浓高锰酸钾溶液处理伤口后，送医院治疗
吸入溴、氯等有毒气体	吸入少量酒精和乙醚的混合蒸气以解毒，同时应到室外呼吸新鲜空气
汞泄漏	立即用滴管或毛笔尽可能将汞拾起，然后用锌皮接触使成合金而消除之，最后撒上硫黄粉，使汞与硫反应，生成不挥发的硫化汞
触电事故	立即拉开电闸，截断电源或尽快利用绝缘体（干木棒、竹竿）将触电者与电源隔离
火灾	酒精及其他可溶于水的液体着火，可用水灭火；汽油、乙醚等有机溶剂着火时，用沙土扑灭；导线或电器着火时，首先切断电源，用 CCl_4 灭火器灭火

六、灭火常识

实验室的着火和爆炸事故的发生，与易燃易爆物质的性质有密切关系，与操作者粗心大意的工作态度有直接关系。因此，根据实验室的起火和爆炸的原因，预防工作可采取一些针对性措施。

灭火的主导原则是：一旦发生火灾，工作人员应冷静沉着，快速选择合适的灭火器材进行扑救，同时注意自身的安全措施。

（1）防止火势扩展，首先切断电源，关闭煤气阀门，快速移走火势附近的可燃物。

（2）根据起火的原因及性质，采取妥当的方法扑灭火焰。

（3）火势较猛时，应根据具体情况，选用适当的灭火器，并立即与消防部门联系（火警电话：119），请求救援。

灭火时的注意事项：① 一定根据火源类型选择合适的灭火器材。如能与水发生猛烈作用的金属钠、过氧化物等失火时，不能用水灭火；比水轻的易燃物品失火时，也不能用水灭火。② 电器设备及电线着火时须关闭总电源，再用四氯化碳灭火器熄灭燃烧的电线及电器设备。③ 在回流加热时，由于安装不当或冷凝效果不佳而失火，应先切断加热源，再进行扑救。但绝对不可以用其他物品堵住冷凝管上口。④ 实验过程中，若敞口的器皿发生燃烧，在切断加热电源后，再设法找一个适当材料盖住器皿口，使火熄灭。⑤ 对于扑救有毒气体火情时，一定要注意防毒。⑥ 衣服着火时，不可慌张乱跑，应立即用湿布等物品覆盖灭火，如燃烧面积较大，可躺在地上打滚，熄灭火焰。

七、气体钢瓶的常用标记及使用注意事项

气体钢瓶是由无缝碳素钢或合金钢制成的，适用于装介质压力在 1.520×10^{7} Pa 以下的气体。不同类型气体钢瓶，其外表所漆的颜色、标记的颜色等有统一规定。我国钢瓶常用的标记列于表 1-10。

表 1-10　部分气体钢瓶的标记

气体钢瓶名称	外表颜色	字体颜色	字样	工作压力/Pa	性质	钢瓶内气体状态
氧气	天蓝	黑	氧	1.471×10^7	助燃	压缩气体
压缩空气	黑	白	压缩空气	1.471×10^7	助燃	压缩气体
氯气	草绿	白	氯	1.961×10^6	助燃	液态
氢气	深绿	红	氢	1.471×10^7	易燃	压缩气体
乙炔	白	红	乙炔	2.942×10^6	可燃	乙炔溶解在活性丙酮中
石油液化气	灰	红	石油液化气	1.569×10^6	易燃	液态
氮气	黑	黄	氮气	1.471×10^7	不可燃	压缩气体
二氧化碳	黑	黄	二氧化碳	1.226×10^7	不可燃	液态
氩气	灰	绿	氩	1.471×10^7	不可燃	压缩气体

使用钢瓶时的注意事项如下：

（1）钢瓶应存放在阴凉、干燥，远离阳光、暖气、炉火等热源的地方，离明火要在 10 m 以上，室温不要超过 35℃，并有必要的通风设备，最好隔室放置，用导管通入。

（2）搬动钢瓶时要稳拿轻放，并旋上安全帽，使用时必须固定好，防止倒下击爆。开启安全帽和阀门时，不能用锤或凿敲打，要用扳手慢慢开启。

（3）使用时要用减压阀，要检查钢瓶气门的螺丝纹路是否完好。一般可燃气体（如氢气、乙烯等）的钢瓶气门螺纹是反丝扣的，开启时要注意。腐蚀性气体（如氯气、氨气等）一般不用减压阀。各种减压阀不能混用。

（4）氧气钢瓶的气门、减压阀严禁沾染油脂。

（5）钢瓶附件各连接处都要使用合适的衬垫防漏，如铝垫、薄金属片、石棉垫等均可，不能用棉、麻等织物，以防燃烧。检查接头或管道是否漏气时，对于可燃气体，可用肥皂水涂于被检查处进行观察，但对氧气和氢气，不可用此法。检查钢瓶气门是否漏气，可用气球扎紧气门上进行观察。

（6）钢瓶中气体不可用尽，应保持 4.93×10^4 Pa 表压以上的残留量，乙炔气瓶要保留 1.961×10^5 ～2.922×10^5 Pa 表压以上，以便于判断瓶中气体，并可防止大气的倒灌。

（7）氧气钢瓶和可燃性气体钢瓶不要存放在一起，氢气钢瓶和氯气钢瓶也不要存放在一起。

（8）钢瓶每隔三年进厂检验一次，重涂规定颜色的油漆；装腐蚀性气体的钢瓶，每隔两年检验一次。不合格的钢瓶要及时报废或降级使用。

第六节　实验预习、记录和数据处理

一、实验预习

要达到基础理论知识、实践能力、素质全面提高的实验目的，不仅需要正确的学习态度，而且需要正确的学习方法。

为了获得实验的预期效果，实验前必须认真理论预习，阅读实验教材和教科书的有关内容，明确实验目的和要求，弄清基本原理、操作步骤和安全注意事项等。遇到疑难问题，应在课前解决。写好实验预习笔记，做到心中有数，有计划地进行实验。预习笔记中每一实验内容的下面，要留足空位做实验记录，才能顺利地按时、按质、按量完成实验。在实验过程中应注意：

（1）进实验室后要先擦净桌台、洗净手，然后拿出需用仪器，根据实验教材所写明的内容、方法、步骤，按照预习笔记，独立进行实验操作。

（2）如果发现实验现象和结果与理论不符，应该认真检查和分析原因，而后重做实验。

（3）实验中遇到疑难问题，自己多加思考，及时请教指导教师或一起讨论。

（4）在实验中应保持肃静，爱护仪器设备，严格遵守实验室各项工作守则。遇有不安全事故发生，应沉着冷静，妥善处理，并及时报告指导教师。

（5）为了获得准确的实验结果，每次实验前后要将所用玻璃器皿、仪器洗涤干净，对盛有不易洗掉的实验残渣及对玻璃仪器有腐蚀作用的废液的容器，在实验后一定要立即清洗干净。

二、实验数据的读取与可疑数字的取舍

建立有效数字的概念并掌握它的计算规则。应用有效数字的概念在实验中正确做好原始记录，正确处理原始数据和表示分析结果，对于学习应用化学非常重要。以下介绍有效数字的记录和计算的一般规则，以及分析结果的正确表示方法。

（1）所有的分析数据，应当根据仪器的测量误差，只保留一位可疑数字。在应用化学中，几个重要物理量的测量误差通常为：

质量：±0.000 × g（×代表不为零的数字）　容积：±0.0× mL

pH 值：0.0× 单位　电位：±0.000 × V

吸光度：±0.00 × 单位

如果在一台称量误差为±0.000 2 g 的分析天平上，读出某物质的质量为 24.564 85 g，则最后一个数字“5”是不合理的，因为它前面的“8”已是可疑数字了。

因此，该称量数据的正确记录应当是24.564 8 g。

（2）数字“0”及“9”在确定有效数字位数时，应根据具体情况而定。“0”有时仅起对小数点的定位作用，不是有效数字。如在 0.008 0 这一数据中，“8”前面的三个“0”是起对小数点定位的作用，后面一个零才是有效数字，因此该数仅有两位有效数字。

（3）运算过程中，弃去多余数字（称为“修约”）的原则是“四舍六入五成双”，即当测量值中被修约的那个数字等于或小于 4 则舍去；等于或大于 6 时，进位；等于 5 时，如进位后，测量值末位数字为偶数，则进位，舍去后末位数为偶数，则舍去。例如：将 0.454 2，4.546，10.15 和 0.786 5 这四个测量值修约为三位有效数字时，修约后的结果分别为 0.454、4.55、10.2 和 0.786。

（4）在加减法的运算中，以绝对误差最大的数据为准来确定计算结果的有效数字位数。例如：求 0.032 1+16.32+1.032 247＝？

三个数据中，16.32 中的可疑数字 2 有±0.01 的误差。绝对误差以该数据的最大，因此计算结果的数据只能保留至小数点后第二位，得到：0.03+16.32+1.03＝17.38。

（5）乘除法的运算中，以有效数字位数最少的数据，即相对误差最大的数据为准，来确定计算结果的有效数字位数。例如：求 0.032 1×16.32×1.032 247＝？

其中，以 0.032 1 的有效数字位数最少，即该数据的相对误差最大，因此计算结果的数据只能保留三位有效数字，得到：0.032 1×16.3×1.03＝0.539。

（6）对数的有效数字位数取决于小数部分的数字位数，例如 lg K＝21.45，为两位有效数字；pH＝6.86，也是两位有效数字。

（7）计算式中的系数（倍数或分数）为正整数，是因计量关系而导入，不是测量数据，因而是没有可疑数字的准确数字。可认为其有效数字位数无限制。

（8）如果要改换单位，则要注意不能改变有效数字的位数，例如“4.8 g”只有两位有效数字，若改用 mg 表示，正确表示应为“4.8×10^3 mg”；若写为“4 800 mg”，则有四位有效数字，就不合理了。

（9）分析结果通常以平均值来表示。在实际测定中，对质量分数大于 10%的分析结果，一般要求有四位有效数字；对 1%～10%的分析结果，则一般要求三位有效数字；对小于 1%的微量组分，一般只要求有两位有效数字。pH 值的有效数字一般保留 1～2 位。有关误差的计算，一般也只保留 1～2 位有效数字，通常要使其值变得更大一些，即只进不舍。

三、实验报告及格式示例

实验完毕，需根据实验记录认真写出实验报告，处理实验数据，对实验现象进行解释，对实验进行讨论并做出结论等。下面是常用实验报告格式示例。

例1　分析检测实验的报告格式示例

实验名称：________________________

院、系________________　专　业________________　班　级____________

姓　名________________　同组人________________　实验日期____________

实验目的
实验原理（简述）
实验原始数据记录（最好以表格的形式记录）
实验结果（实验数据处理）
问题和讨论

指导教师____________

例 2　验证性实验的报告格式示例

实验名称：________________________________

院、系______________　专　业______________　班　级____________
姓　名______________　同组人______________　实验日期____________

实验目的		
实验提要		
实验内容、步骤	现象记录	解释或结论、反应式
问题和讨论		

指导教师______________

例 3　提纯、制备实验的报告格式示例

实验名称：＿＿＿＿＿＿＿＿＿＿

院、系＿＿＿＿＿　专　业＿＿＿＿＿　班　级＿＿＿＿＿

姓　名＿＿＿＿＿　同组人＿＿＿＿＿　实验日期＿＿＿＿＿

实验目的
基本原理
简要步骤（流程）
实验过程中主要现象
实验结果 产品外观： 产量：　　　　　　　　产率： 纯度：
问题和讨论

指导教师＿＿＿＿＿＿＿

第二章 基本操作技术

第一节 喷灯的使用和玻璃管（棒）的加工

实验室中经常要用一些小件玻璃器皿及零件，如滴管、玻璃棒、弯管、毛细管等，如自己动手制作，既经济又方便，因此实验人员有必要掌握一些简单的玻璃加工技术。

一、常用喷灯的种类、构造和使用

在实验室的加热操作中，加热软化玻璃主要用煤气灯、酒精喷灯，其中以煤气灯最方便，温度可达 1 500℃。在没有煤气的实验室，可用酒精喷灯吹制简单器件，其温度为 700～1 000℃。

（一）煤气灯

1．煤气灯的构造

煤气灯结构简单（图 2-1），操作方便，所用燃料比酒精便宜。灯管 1 可以旋下与灯座 5 分开。转动灯管 1 可以完全关闭或部分开放空气入口 2，以调节空气的输入量。转动针阀 4，可以控制煤气的输入量。煤气入口 3 用橡皮管连接到煤气阀门。

2．煤气灯的点燃和火焰的调节

点燃煤气灯时，首先旋动灯管 1，关闭空气入口 2，然后打开煤气阀门，点燃火柴，随即稍微旋开针阀 4，让煤气进入管内，将燃着的火柴从灯管口下侧斜向上移至管口，灯即点燃，调节煤气和空气的进入量，以获得所需火焰。

煤气灯火焰的大小和温度的高低，可通过进入的煤气量和空气量的大小进行调节。当煤气量进入较多而空气量较少时，得到的火焰较大、较长，但煤气燃烧不完全，火焰温度不高；如果煤气量和空气量都较小，得到的火焰也较小；当煤气量开大，调节空气入口量，使两者比例适当，可获得温度最高的正常火焰。

正常火焰分为三层（图 2-2）：焰心层（暗黑色）：为煤气和空气混合点，并未燃烧，温度约为 300℃；还原焰层（淡蓝色火焰）：煤气没有完全燃烧，分解出含碳的产物，这部分火焰具有还原性，称还原焰，火焰温度约 1 000℃；氧化焰层（淡紫色火焰）：煤气完全燃烧，由于含过量空气，这部分火焰具有氧化性，故称氧化焰，火焰温度可达 1 500℃左右，实验时一般都用氧化焰加热。在淡蓝色火焰上方与淡紫色火焰交界处为最高温度区，温度可达 1 550℃。

当煤气量和空气的进入量调配不合适时，会产生不正常火焰，通常有两种情况（图 2-3）。

（1）临空火焰　当煤气和空气的进入量都很大时，一经点燃，火焰将脱离灯管口，临空燃烧。此时应适当调小空气和煤气的进入量。

（2）侵入火焰　当空气量进入过大时，点燃后火焰将有部分在灯管内燃烧，灯管口的一侧有细长的火焰，并发出“嘶嘶”的响声。此时应立即关闭煤气，待灯管冷却，重新调节后再点燃。

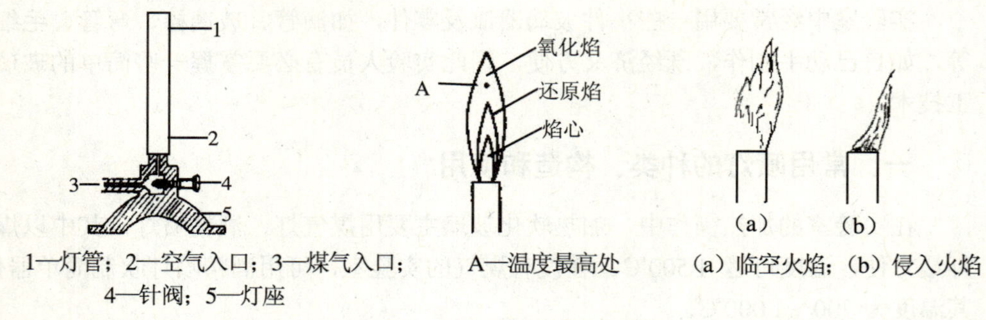

1—灯管；2—空气入口；3—煤气入口；4—针阀；5—灯座

图 2-1　煤气灯的构造

A—温度最高处

图 2-2　煤气灯的火焰

(a) 临空火焰；(b) 侵入火焰

图 2-3　不正常火焰

（二）酒精喷灯

如没有煤气灯，可用酒精喷灯，温度能达 1 000℃，用于加工简单的玻璃管棒零件。

1. 酒精喷灯的类型和构造

酒精喷灯有座式（图 2-4a）和挂式（图 2-4b）两种。具有灯管、空气调节器和预热盘。座式酒精喷灯的预热盘下面是贮存酒精的酒精壶；而挂式酒精喷灯的预热盘下方则是一根金属管并经橡皮管与酒精贮罐相连。

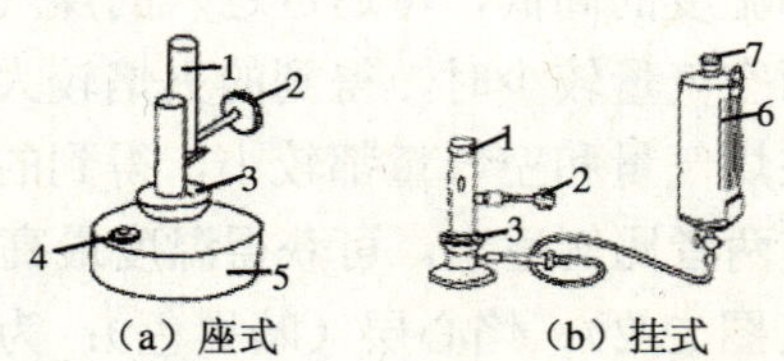

1—灯管；2—空气调节器；3—预热盘；4—铜帽；5—酒精壶；6—酒精贮罐；7—盖子

图 2-4　酒精喷灯的类型和构造

酒精喷灯的正常火焰形状与上述煤气灯的火焰相似，明显地分为焰心（温度约300℃）、还原焰（约500℃）和氧化焰（800～1 000℃）三个锥形区域。

2．酒精喷灯的使用方法

（1）添加酒精　酒精须经漏斗加入贮壶（罐）内。座式喷灯所加酒精不要超过贮壶容积的4/5。挂式喷灯要先关好贮罐的下口，再加酒精。

（2）预热和点燃　先往预热盘中加少量酒精并点燃，待盘内酒精快烧完时，再在灯管上口点燃灯焰。若经两次预热都不能点燃灯焰，可待火焰完全熄灭且灯冷却后再往贮壶（罐）内添加酒精，并用探针疏通出气口，再预热和点燃。

（3）调节火焰　转动空气调节器，当空气进入量合适时，火焰明显分为三层，且可听到“嘶嘶”的响声。

（4）熄灭酒精喷灯　将空气入口转到最大处，盖上石棉板即可熄灭。注意，座式喷灯不能连续使用半小时以上；使用到半小时后，应暂时熄灭喷灯，待冷却并添加酒精后，再继续使用。

二、玻璃管（棒）的简单加工

进行玻璃管（棒）加工前，必须用抹布将玻璃管（棒）擦干净。必要时，用水洗净，晾干后再加工。

（一）玻璃管（棒）的截断与熔光

1．截断

（1）锉刀切割法　将玻璃管平放在实验台上，左手按住要截断部位的左侧，右手持锉刀放在欲截断处，在与玻璃管垂直方向上，用锉刀的棱边锉出一道凹痕。注意：应该向一个方向锉，不要来回锉。然后双手持玻璃管，用两个拇指在锉痕的背面轻轻外推，同时把玻璃管向外拉，即可折断玻璃管（图 2-5）。

（2）玻璃棒熔珠切断法　当需要将器皿上的玻璃管折断时，上述方法是不适用的。此时，可在玻璃管上锉一锉痕，将直径为 5～7 mm 玻璃棒的一端烧成红熔珠状，并迅速按在锉痕中心（图 2-6），因局部受热膨胀，玻璃管就可沿锉痕方向断裂开来。此方法也适用于加工玻璃管径在 20 mm 以下的玻璃管。

2．截面熔光

玻璃管（棒）截断后其截断面很锋利，容易割破手和损坏橡皮管等，必须在火焰上熔光。把玻璃管截断面斜插入氧化焰中，不时转动玻璃管（图 2-7），烧到微红时从火焰中取出，放在石棉网上冷却，得到具有光滑截断面的玻璃管（棒）。注意：熔烧时间不能太长，以免玻璃管管口收缩。

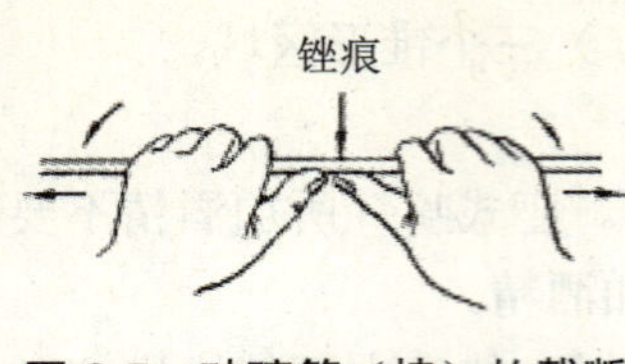

图 2-5　玻璃管（棒）的截断

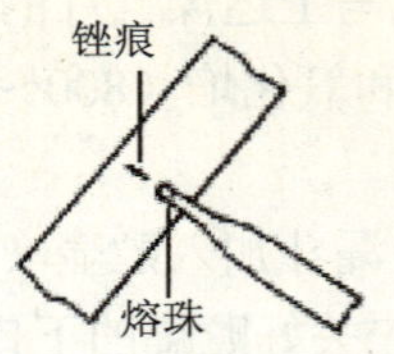

图 2-6　熔珠切断截断

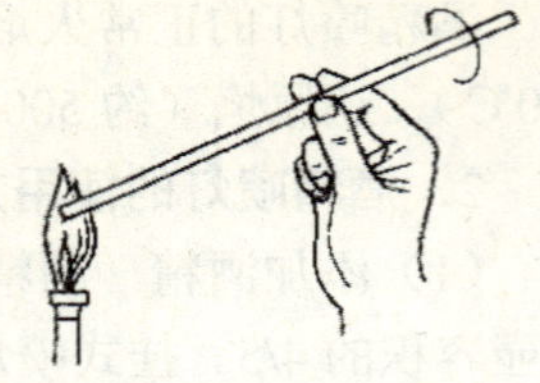

图 2-7　截断面的熔光截断

（二）弯玻璃管

用橡皮塞或纸卷将要弯制的玻璃管管口一端堵塞后，在喷灯的氧化焰上均匀地向同一方向转动加热（图 2-8），加热长度约为管径的两倍。待玻璃管热到红软状态，离开火焰，按预定角度弯曲。成型后，若出现皱折、收缩或瘪陷，再加热软化，在开口的一端吹气调整，使其成圆滑形状。一般情况下，弯好的玻璃管需用小火烘烤一两分钟，放到石棉网上缓慢冷却（即退火处理）后再使用。不能将热玻璃管直接放在桌面上或冷的金属铁台上。

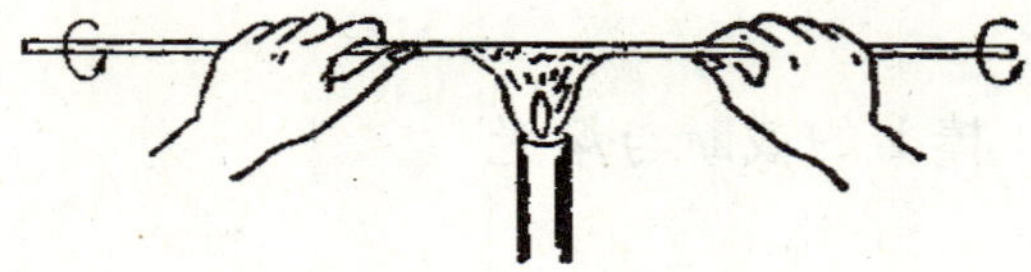

图 2-8　玻璃管的加热

若因灯具的火焰小、管径粗使加热面不够宽时，也可采取加热一段弯一定角度，依次加热逐步弯成所需角度的方法弯管。

（三）拉制滴管

选择洗净烘干的管径为 6～10 mm 的玻璃管，截成约 200 mm 长一段，如图 2-8 在喷灯的氧化焰上加热玻璃管的中部，至红软状态时，离开火焰，沿水平方向拉到所需要的管径和长度，同时缓慢转动，使拉成的细管与原管处于同一轴线上。待稍冷后放到石棉网上冷却，然后用锉刀轻轻地截断细管。这样，一次可拉制成两支滴管。滴管的细端管口用小火熔光，粗端在火焰上烧至暗红变软，放在锉刀平面上轻压，使管口变厚并略向外翻，冷却后套上胶冒即可。

第二节　常用玻璃器皿的洗涤和干燥

一、常用玻璃器皿的洗涤

洗涤器皿的方法很多，应当根据实验的要求、污物的性质和玷污的程度来选择。一般来说，附着在器皿上的污物有可溶性物质、灰尘和不溶性物质，还可能有油污。针对这些情况，可以分别用下列方法洗涤。

（一）用水刷洗

用水和毛刷可以洗去可溶性物质，也可以使附着在器皿上的尘土和不溶性物质脱落下来。

（二）用洗衣粉或去污粉刷洗

洗衣粉和去污粉都是市场上的常见商品，能够除去器皿上的油污。去污粉中含有碳酸钠、白土和细沙，刷洗时能起摩擦作用，洗涤的效果更好。实验室中常用洗衣粉或去污粉洗刷器皿，再用自来水冲洗，除去附着在器皿上的洗涤剂或白土、细沙。

（三）用洗液洗

进行精确的定量实验时，对器皿的洁净程度要求更高；或所用器皿容积精确、形状特殊，不能用刷子机械刷洗；或有些杂质附着在器皿壁上，用上述方法很难洗净，要选用适当的洗液进行清洗。普通化学实验室中常用的洗液有以下几种。

1．铬酸洗液

将 5～10 g $K_2Cr_2O_7$（粗盐）用少量水润湿，缓慢加入 100 mL 浓硫酸，边加边搅拌，溶解后，得到的棕红色油状液体即为铬酸洗液，冷却后贮于细口瓶中备用。该洗液是一种酸性很强的强氧化剂，使用过程中，$K_2Cr_2O_7$ 还原成 Cr^{3+}离子。因此当洗液颜色变绿时，洗液即失效，应重新配制。

2．NaOH-$KMnO_4$ 洗液

将 10 g $KMnO_4$ 溶于少量水中，搅拌，慢慢向其中注入 100 mL 100 g/L NaOH 溶液即成。用于洗涤油脂及有机物。洗后在器壁上将产生 MnO_2 褐色沉积物，可用还原性溶液（如浓盐酸或 Na_2SO_3 溶液）将其除去。

3．酒精—硝酸混合液

适于洗净滴定管。使用时先在滴定管中加入 2 mL 酒精，再加入 8 mL 浓硝酸即成。酒精—硝酸混合液不能事先配制。

使用洗液是一种化学处理方法，前面介绍了三种洗液，而实际中可能多种多样，如硫化物玷污可用王水除去，氯化银玷污可用氨水或 $Na_2S_2O_3$ 处理。总之，选用洗液要有针对性，根据具体情况，充分运用已有的化学知识来处理实际问题。

用洗液洗涤器皿时，先往器皿内加少量洗液（其用量为器皿总容量的 1/5～1/4），再将器皿倾斜并慢慢转动，使器皿的内壁全部被洗液润湿，这样反复操作。用毕，将洗液倒回原洗液瓶中，再用水把残留在器皿上的洗液洗净。如用洗液浸泡器皿一段时间，或用热的洗液润洗，则效果更好。

使用洗液时，必须注意以下几点：

（1）使用洗液前，应先用自来水冲洗器皿，尽量除去其中的污物。

（2）应该尽量把器皿内残留的水倒净，以免水把洗液冲淡。

（3）大多数洗液（如铬酸洗液）用后应倒回原来瓶内，可以重复使用多次。

（4）洗液都具有很强的腐蚀性，会灼伤皮肤和破坏衣物。如果不慎把洗液洒在皮肤、衣物和实验桌上，应立即用水冲洗。

（5）铬酸洗液中的 Cr（Ⅵ）有毒，清洗残留在器皿上的铬酸洗液时，第一、二遍的洗涤水不要倒入下水道，应统一处理。

用以上各种方法洗涤后的器皿，经自来水冲洗后，还需用蒸馏水或去离子水刷洗。每次用量不必太多，应遵循“少量多次”的原则，既洗得干净，又不致浪费蒸馏水。

已洗净的器皿，器皿壁上应留有均匀的一层水膜，而不挂水珠。这是器皿洗涤干净的重要标志。

二、玻璃器皿的干燥

洗净的器皿如需干燥可采用以下方法。

（1）烘干　洗净的玻璃器皿可放在电热干燥箱（又称烘箱）内烘干。放之前应尽量把水倒净。放置时，应使器皿的口朝下，倒置后不稳的器皿则应平放。可以在电热干燥箱的最下层放一个搪瓷盘，以接收从器皿上滴下的水珠，避免损坏烘箱的电炉丝。

（2）烤干　烧杯和蒸发皿可在放有石棉网的电炉上烤干。试管可直接用小火烤干，操作时，先将试管略为倾斜，管口向下，并不时地来回移动试管，水珠消失后，再使管口朝上，以便水气逸出。

（3）晾干　洗净的器皿可倒置在干净的实验橱柜内或器皿架上；倒置后不稳定的器皿，应平放，让其自然晾干。

（4）吹干　使用电吹风机把器皿吹干。

（5）用有机溶剂干燥　带有刻度的计量器皿，不能用加热方法干燥，否则会影响器皿的准确度。可用易挥发的有机溶剂（如乙醇、丙酮、乙醚等），取其少量倒入洗净的器皿中，将器皿倾斜、转动，使器皿壁上的水与有机溶剂混合，然后倒出，有机溶剂很快挥发使器皿干燥。

第三节　分析天平与称量

分析天平是定量分析中最重要的仪器之一。开始做分析工作之前必须熟悉如何正确使用分析天平，并能判断分析天平是否处于正常工作状态，因为称量的准确度对分析结果的影响很大。

一、分析天平的分类、构造及使用

（一）分析天平的分类

通常分析天平是指能够称量到万分之一克（即 0.1 mg）的天平。分析天平按构造分类，可分为机械天平和电子天平。机械分析天平有等臂天平和不等臂天平两类，现以 TG-328A 型全自动电光天平应用最为普及。电子分析天平是新一代的天平，其价格是机械天平的 5～10 倍，国内正逐渐普及，由于其使用操作简便，称量快速，而且易于维护，将全面取代机械天平。

根据分析天平的分度值（即最小刻度值）大小分类，可分为常量分析天平（0.1 mg）、半微量分析天平（0.01 mg）和微量分析天平（0.001 mg）等。

常用分析天平的型号和规格见表 2-1。

表 2-1　常用分析天平的型号和规格

种　类	型　号	名　称	规格（量程/精度）
双盘分析天平（等臂）	TG-328A	全机械加码电光天平	200 g/0.1 mg
	TG-328B	半机械加码电光天平	200 g/0.1 mg
	TG-332A	微量天平	20 g/0.01 mg
单盘分析天平（不等臂）	DT-100	单盘精密天平	100 g/0.1 mg
	DTG-160	单盘电光天平	160 g/0.1 mg
电子分析天平	MD 100-2	上皿式电子天平	100 g/0.1 mg
	MD 200-3	上皿式电子天平	200 g/0.1 mg

（二）分析天平的称量原理、构造及使用

1. 全机械加码电光天平（以 TG-328A 型为例）

（1）称量原理 机械天平都是根据杠杆原理制成的称量仪器。全机械加码电光天平和半机械加码电光天平采用的是等臂杠杆称量原理（图 2-9）。

设杠杆为 ABC（分析天平的横梁），B 为中间支点，A、C 两端分别承受重物 m_1 和 m_2，它们所产生的重力分别为 F_1 和 F_2。当达到平衡状态时，支点两边的力矩相等，即：

$$F_1 \times L_1 = F_2 \times L_2 \tag{2-1}$$

如果 B 正好处在 ABC 的正中心，则 $L_1 = L_2$，也就是天平的两臂的长度相等，此时若 m_1 代表砝码质量，m_2 代表被称量物体的质量，那么

$$m_1 = m_2 \tag{2-2}$$

即通过读取砝码的质量 m_1，就可得到被称量物体的质量 m_2。

（2）全机械加码电光天平的构造 全机械加码电光天平的外形和结构见图 2-11。

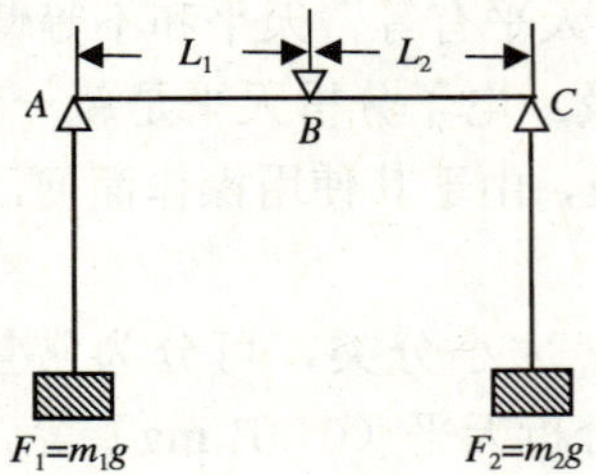

图 2-9 等臂天平称量原理

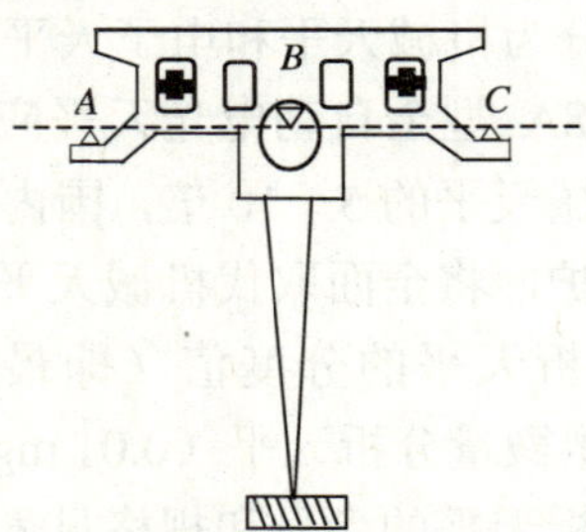

图 2-10 等臂天平横梁

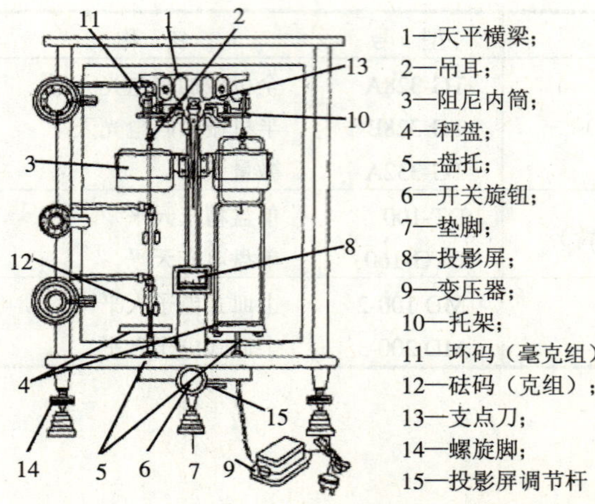

1—天平横梁；
2—吊耳；
3—阻尼内筒；
4—秤盘；
5—盘托；
6—开关旋钮；
7—垫脚；
8—投影屏；
9—变压器；
10—托架；
11—环码（毫克组）
12—砝码（克组）；
13—支点刀；
14—螺旋脚；
15—投影屏调节杆

图 2-11 TG-328A 型全机械加码电光天平

① 天平横梁（图 2-10）。天平横梁是天平的核心构件，由质轻、坚固和膨胀系数小的铝合金制成，起平衡和承载物体的作用。梁上的 A、B、C 三点等距离装有三把三棱形的玛瑙刀。中间的为支点刀，刀口向下，处于称量状态时，该刀口被放置在天平支柱上的光面玛瑙平板上。左右两把为承重刀，刀口向上，天平开启后，吊耳上的光面玛瑙平板即压放在刀口上。这三把刀的刀口必须完全平行并位于同一平面，如图 2-10 虚线所示的平面。刀口的锋利程度决定了分析天平的灵敏度，称量操作中要尽可能保护好这三个刀口，防止被冲击或撞击。在称量物品时切记：

- 开启和关闭天平、加减砝码和被称量物品时，动作一定要轻缓；
- 天平处于全开启状态时，不能加减砝码和被称量物品，而只能读数。

横梁左右两端还各装有一颗平衡调节螺丝，用于调整横梁的平衡位置（即粗调零点），横梁中间装有垂直向下的指针，用于指示天平的平衡位置。中间支点刀的后上方装有重心调节螺丝，通过调节横梁重心的高低来调节天平的灵敏度。

② 支柱、水平仪和横梁托架。支柱是金属做的中空圆柱，下端固定在天平底座中央，支撑着天平横梁。在支柱上装有气泡水平仪，用于检查天平是否放置水平。横梁托架也安装在支柱上，用于保护玛瑙刀口。当天平处于关闭状态时，由两个托架托起天平横梁，使三个玛瑙刀口与玛瑙平板分离。

③ 指针。指针垂直固定在天平横梁的中下方，用于指示平衡位置。其下端装有一透明的微分标尺。微分标尺被等分为 10 个大格，100 个小格，每个大格代表 1 mg，每个小格代表 0.1 mg。

④ 吊耳和秤盘。两个吊耳分别悬挂于左右两端的玛瑙刀上。吊耳的上钩挂着秤盘，下钩挂着空气阻尼器内筒。

⑤ 空气阻尼器。由两个特制的金属圆筒构成。外筒开口向上固定在支柱上，内筒挂在吊耳上，比外筒略下，开口向下，悬于外筒中，两筒间隙均匀，无摩擦。当天平横梁摆动时，左右阻尼器的内筒也随着上下移动，由于盒内空气阻力，天平很快达到平衡，从而加快称量速度。

⑥ 开关旋钮和盘托。天平启动与关闭通过旋转开关旋钮来完成。顺时针旋转到底为开启，旋钮带动升降枢，控制与其连接的托架下降，天平横梁放下，刀口与承接面承接，天平处于工作状态。逆时针旋转回位为关闭。秤盘下方的底板上安有盘托，也受开关旋钮控制。关闭天平时盘托升起，支撑着秤盘，起防止秤盘摆动的作用，可保护刀口。

⑦ 天平脚。天平底座下面有三个脚，后面一个固定，前面两个为螺旋脚，通过调节其高低来调整天平的水平位置。天平立柱的后上方装有气泡水平仪，用于指示天平的水平位置。

⑧ 平衡螺丝和灵敏度螺丝。在天平横梁两端各装有一个平衡螺丝，当天平零点偏离太大时，可利用平衡螺丝粗调。在横梁的后上方有一个灵敏度调节螺丝，用

于调节天平的灵敏度。

⑨ 机械加码装置。全机械加码电光天平的砝码全部通过位于天平左边的三组加码指数盘来加减。三组砝码的质量分别为：左下组为 10～190 g，左中组为 1～9 g，左上组为 10～990 mg。使用机械加码装置时需注意，旋转指数盘加减砝码的动作应轻缓，不可太过剧烈而发出“噔、噔”的响声。估计被称物体的重量，应按“由大到小”的原则选用砝码。

⑩ 投影屏。投影屏位于天平中央稍偏下的位置。通过光学系统将天平横梁指针下端的微分标尺放大，投射到投影屏上。可看到微分标尺的中间为零，左边为正值，右边为负值，直接读出 0.1～10 mg 的数值。投影屏中央有一条竖直黑线，标尺与该线重合处即为天平的平衡位置。天平箱下面开关旋钮旁的投影屏调节杆可将屏幕左右移动，用于天平零点的细微调节。

（3）使用方法　电光分析天平是精密仪器，放在专用天平室中，应保持清洁干燥。进入天平室后，坐在自己选用的分析天平前，按下述方法进行操作。

① 检查天平。取下防尘罩，叠好，放在天平箱上方。检查天平是否水平，秤盘是否洁净，砝码指数盘是否在“0”位，环码有无脱落，吊耳是否错位，启动后指针的摆动是否正常等。如有否定情况，即时作相应处理。

② 调节零点。接通电源，轻轻开启天平。在空载时天平处于平衡状态所停止的点，叫零点。往往在投影屏上，零点的显示读数并不为“0.000 g”，需要调节零点，即将指针微分标尺投影的“0”刻度调节到刚好与投影屏中央的竖直黑线重合，读数即为“0.000 0 g”。调节时，可拨动投影屏调节杆，移动屏幕的位置，调节零点；如还调不到零位，则关闭天平，根据偏离情况，微微调节天平横梁上的平衡调节螺丝，再开启天平，拨动投影屏调节杆调节。如此反复，直到读数为“0.000 g”。调节平衡调节螺丝，应在教师指导下进行。

③ 称量。打开右侧玻璃门，将经过托盘天平粗称后的物品放于右边秤盘的中央，关闭玻璃门。根据粗称的质量（假设为 185.5 g），通过机械加码装置加载砝码，按“由大到小”的原则，先用左下加码指数盘加砝码（图 2-12），内旋钮加码 100 g、外旋钮加码 80 g；后用左中指数盘加码 5 g；再用左上指数盘加码，内旋钮加码 500 mg（此时总加码质量为 185.5 g）。缓慢开启天平，同时观察投影屏微分标尺的移动方向和移动速度，若看到标尺向左边正方向移动且速度很快，则表明被称量物品重，而砝码轻，需要增加砝码。

关闭天平，采用中值加减法（取 500 mg～1 g 的中间值 800 mg），用左上指数盘内旋钮加码到 800 mg。缓慢开启天平，若看到微分标尺改向右边负方向移动，并且移动速度明显减慢，则表明此时砝码偏重，已接近称量的平衡点。

关闭天平，左上指数盘内旋钮减码到 700 mg，外旋钮加码到 50 mg。缓慢开启天平，若看到标尺又向左边正方向移动，速度较慢但超出标尺范围，则表明砝码减得太多，需再增加。

关闭天平，左上指数盘外旋钮加码到 80 mg。缓慢开启天平，看到微分标尺在“0～+1”刻度之间缓慢来回移动，表明砝码已加载到称量该物品的平衡点处于微分标尺的刻度范围内。确认开关旋钮已顺时针开到最大，等待标尺停定（即达到平衡点），假设得到如图 2-12 所示读数，则称量结果为：185.780 4 g。这是三组指数盘所加砝码质量和微分标尺上所显示质量的总和。将称量数据记录到记录本上，关闭天平，打开右侧玻璃门，取出被称量物品。关闭右侧玻璃门。

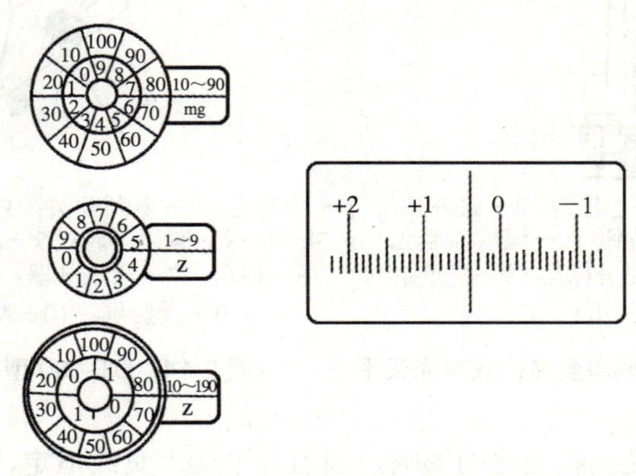

图 2-12　称量结果为 185.780 4 g 的读数

④ 复原。称量完毕，将砝码指数盘全部退回到“0”，检查天平玻璃门是否关好。再次开启天平，检查天平是否回到零点，进一步证明刚刚进行的整个称量过程，分析天平处于正常的工作状态。若零点偏离较大，需查找原因，重新称量。关闭天平，盖上防尘罩。清扫场地，将称量过程中所用物品恢复原位。

2．单盘分析天平（以 DT-100 型为例）

单盘分析天平的构造（图 2-13、图 2-14）比双盘分析天平的复杂，但使用要方便很多，是一种能快速称量的精密天平。在已学会称量双盘分析天平的基础上学习称量单盘分析天平，仅仅需要一个熟悉天平加减砝码和读数的过程即可。

单盘分析天平只有一个放置称量物品的秤盘，秤盘和所有的砝码都悬挂在天平梁的同一臂上。天平梁的另一臂上装有一个平衡锤和空气阻尼盒，以保持天平梁的平衡和减小摆动速度。称量物品时采用减去砝码方式，将被称量物品放在秤盘中央，然后减去与被称量物品相同质量的砝码，使天平恢复平衡。减去砝码的质量就是被称量物质的质量。

与双盘天平比较，单盘分析天平有以下优点：

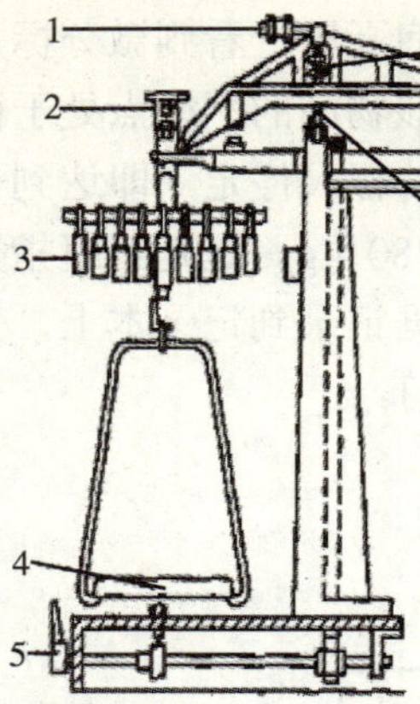

1—平衡调节螺丝；2—补偿挂钩；3—砝码；
4—天平盘；5—升降旋钮；6—调重心螺丝；
7—空气阻尼片；8—微分标尺；9—配重铊；
10—支点刀及刀承

图 2-13 全机械加码单盘减码式电光天平

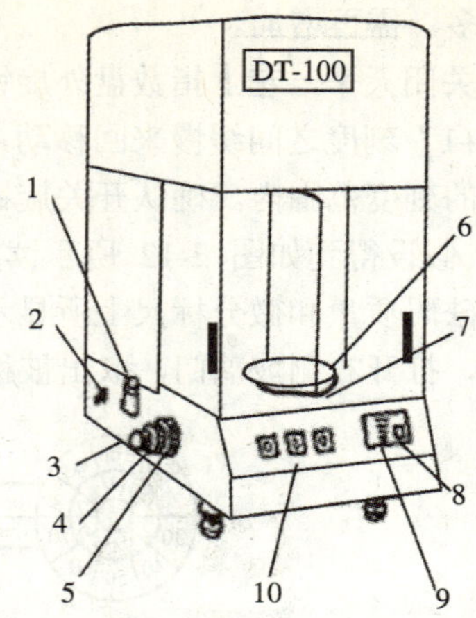

1—开关钮；2—电源开关；3—0.1～0.9 g 减码手轮；
4—1～9 g 减码手轮；5—10～90 g 减码手轮；
6—秤盘；7—圆水准器；8—微读数字窗口；
9—投影屏；10—减码数字窗口

图 2-14 DT-100 型单盘分析天平外形

（1）灵敏度不受负载变化的影响，因为天平梁上负载恒定，加了多少质量的被称量物品，即减去多少质量的砝码，因此天平的灵敏度不变。

（2）由于砝码和被称量物品在同一臂上，消除了双盘分析天平由于两臂不能绝对等长而引起的称量误差，保证了称量结果的准确性。

（3）因采用了 100 mg 以下质量可由投影屏读出的制造技术，不用加减 100 mg 以下的砝码，使称量更方便快速。

3．电子分析天平

（1）称量原理　应用现代电子控制技术进行称量的天平称为电子天平。各种电子天平的控制方式和电路结构不尽相同，但其称量的依据都是电磁力平衡原理。现以 MD 系列电子天平为例说明其称量原理。

若将通电导线放在磁场中，导线将产生电磁力，力的方向可以用左手定则来判定。当磁场强度不变时，力的大小与流过线圈的电流强度成正比。如果使重物的重力方向垂直向下，电磁力的方向竖直向上，两者相平衡时，通过导线的电流与被称量物体的质量成正比。即测量出平衡时通过导线的电流强度，就可换算出被称量物体的质量。

电子天平的结构示意图见图 2-15。秤盘通过支架连杆与线圈相连，线圈置于磁场中。秤盘及被称物体的重力通过连杆支架作用于线圈上，方向向下。线圈内有电流通过，产生一个向上作用的电磁力，与秤盘重力方向相反，达到平衡时，两个力大小相等。位移传感器处于预定的中心位置，当秤盘上的物体质量发生变化时，位移传感器检出位移信号，经调节器和放大器改变线圈的电流，直到线圈回到预定的中心位置为止，将改变的电流大小换算出被称量物体的质量，通过数字显示出来。

（2）电子天平的特点

① 电子天平没有机械天平的玛瑙刀，采用数字显示方式代替指针刻度显示。使用寿命大大增长，而且性能稳定、灵敏度高、操作更方便。

② 电子天平采用电磁力平衡原理，称量时全量程不用砝码。放上被称量物品后，在几秒钟内即达到平衡，显示出质量读数，称量速度极快。

③ 一些电子天平具有称量范围和读数精度可改变的功能，如瑞士梅特勒 AE 240 电子天平，在 0～205 g 称量范围，读数精度为 0.1 mg；在 0～41 g 称量范围内，读数精度为 0.01 mg，可以一机多用。

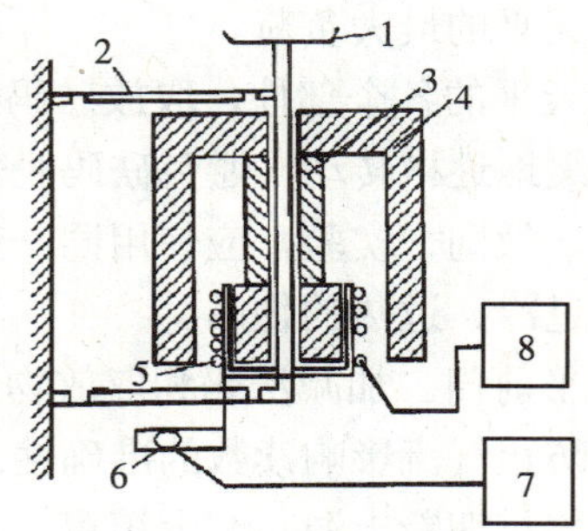

1—秤盘；2—簧片；3—磁钢；4—磁回路体；5—线圈及线圈架；6—位移传感器；7—放大器；8—电流控制电路

图 2-15　MD 系列电子天平结构

④ 分析及半微量分析的电子天平一般具有内部校正功能。天平内部装有标准砝码，使用校准功能时，标准砝码被自动启用，天平的微处理器将标准砝码的质量值作为校准标准，以保证获得正确的称量数据。

⑤ 电子天平是高智能化的，可在全量程范围内实现净重显示、单位转换、称量计数、超载显示、故障报警等。同时可将质量电信号输出，与打印机、计算机等连接，实现称量、记录和结果计算的全自动化处理。

（3）电子天平的使用方法

① 使用前检查天平是否水平，要保证在水平状态下使用。

② 称量前接通电源预热 30 min（或按说明书要求预热）。

③ 校准。首次使用天平时，须校准；将天平从一地移到另一地使用时，或在使用一段时间（30 天左右）后，应重新校准。为保证称量的质量，也可随时对天平进行校准。校准程序可按说明书进行，用内装校准砝码或外部自备有修正值的校准砝码来完成。

④ 称量。按下显示屏的开关键，待显示稳定的零点后，将物品放到秤盘上，关上防风门，显示稳定后即可读取称量数据。操纵相应的按键可以实现“去皮”“增重”“减重”等称量功能。

⑤ 清洁。污染时用含少量中性洗涤剂的柔软布擦拭。勿用有机溶剂和化纤布。称样盘可以取下清洗，待充分干燥后再装到天平上。

4. 分析天平的使用规则

（1）天平的灵敏度主要取决于天平横梁上的三把玛瑙刀，特别是中间的支点刀，因此称量始终要注意保护好天平刀口。要求：① 增减砝码或取放被称量物品时，必须先关闭天平，不能在天平开启的情况下进行上述操作，这是保护天平刀口的关键。② 开启“开关旋钮”，必须缓慢均匀，避免冲击刀口和天平剧烈摆动。

（2）天平载重不能超过天平的最大负荷。

（3）切勿用手直接接触天平的各个部件，取放砝码必须用镊子夹取。在使用机械加码指数盘旋钮时，应轻缓地逐格转动，避免砝码脱落。

（4）为了减少称量误差，做同一实验，应使用同一架分析天平。

（5）不能在天平上称量过冷、过热的物品。

（6）称量时不能开启天平前门。加减法码和取放物品打开两边侧门操作，在开启天平读数前，关好侧门，防止气流影响读数的准确性。

（7）称量完毕，砝码回零，切断电源，套上箱罩。

（8）称量过程中，发现天平有不正常情况或发生故障，应及时报告指导教师，修复后再使用。

二、分析天平的称量方法

根据称量对象的不同，采用不同的称量方法。对机械分析天平而言，常用以下几种称量方法。

（一）直接称量法

天平零点调好后，关闭天平，将被称量物品（先用托盘天平粗称其质量）用一干净的纸条或镊子等直接放在秤盘中央，加载和调整砝码使天平平衡，所得读数即为被称量物品的质量。直接称量法适用于称量洁净干燥的器皿、棒状或块状的金属及其他块状不易潮解或升华的固体样品。

（二）规定质量称量法（增量法）

规定质量称量法又称为增量法。多用于称量待测定的粉末试样和液体试样。称量方法是，先称出承接容器（如表皿、小烧杯等）的质量，然后再加载规定质量的砝码（如 0.2 g），半开启天平（即缓慢顺时针旋转开关旋钮至天平的电灯刚好点亮，投影屏上微分标尺的读数显示为负数，使读数偏离标尺“0”刻度 20～40 个小格为最佳，半开启状态时，天平横梁的重量绝大部分还托在两个托架上），再用角勺将粉末试样慢慢加入承接容器。加入试样时，小心地将盛有试样的药匙伸向承接容器上方 1～2 cm 处，用拇指、中指及掌心拿稳药匙，用食指轻轻敲击药匙柄，将试样慢慢抖入容器中（图 2-16）。抖入试样的同时，用眼睛的余光观察投影屏中微分标尺，一直加入试样到微分标尺刚开始产生移动（从负数向正数方向移动）时停止，关闭开关旋钮，关闭玻璃门，再开启天平准确称量已加入试样和承接容器的质量，减去承接容器的质量，即得到规定质量的试样量。最后，将所称试样转移到盛放容器中。

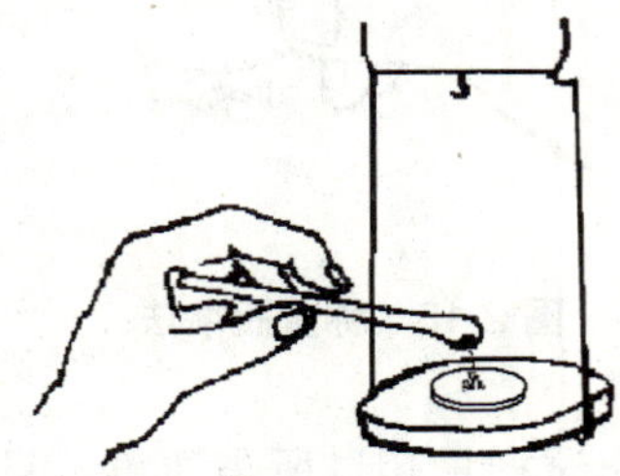

图 2-16　规定质量称量的加样方法

一般要求增量法称取的试样质量不能超出规定试样量的 0.05 g。例如规定质量要求为 0.2 g，那么称取的试样质量处在 0.2～0.25 g 为符合称量要求。若加入试样时不慎过量太多，不允许用药匙从承接容器中舀出多余的试样，应取出承接容器，废弃试样，重新称量。

（三）差减称量法（减量法）

差减称量法简称减量法，主要用于基准试剂和标准试样的称量。称量试样时，试样应装在称量瓶内。称量瓶是具有磨口塞的玻璃器皿（图 2-17），有高型和矮型两种。高型称量瓶用于称量防止吸收水分和 CO_2 的试样；矮型称量瓶常用于测定试样的水分。

差减称量法的操作步骤如下。先将被称量的基准试剂或标准试样放入洁净的称量瓶中，在 105℃的烘箱中开盖烘干 2 h，于干燥器中冷却到室温。然后用洁净的纸条套住瓶身中部（图 2-18）取出，放在天平秤盘的中央，用直接称量法称得其质量为 m_1，记录读数。用纸条套住取出称量瓶，左手拿瓶在承接试样的容器（烧杯或锥形瓶）上方，右手用小纸片包住瓶盖柄，打开瓶盖。将称量瓶慢慢倾斜，同时用瓶盖轻轻敲击瓶口上部（图 2-19），使试样逐渐落入容器内。当估计倾出的试样已达到所要求的质量（如 0.5～0.6 g）时，慢慢将称量瓶竖起，仍不断用瓶盖轻轻敲击瓶口，使黏附在瓶口上的试样落入瓶内，盖好瓶盖，把称量瓶放回天平称量，设此时称得质量为 m_2，则称出试样的质量为（m_1-m_2）。如果一次倾出的试样质量不够，可再次倾倒，直到满足质量要求后，再记录准确称量的读数。

若需要连续称取几份试样，可再次倾出一定量的试样于另一容器中，再次称量，称得质量设为 m_3，则（m_2-m_3）为第二次倾出物的质量。依此类推，即可用减量法称取多份需要平行测定的试样。

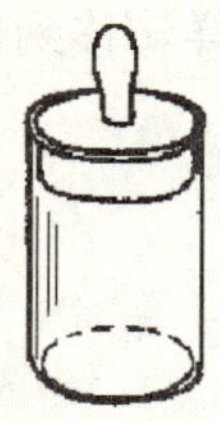

图 2-17　高型称量瓶

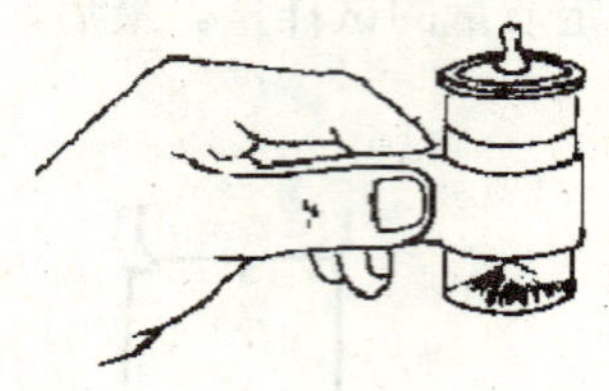

图 2-18　称量瓶拿法

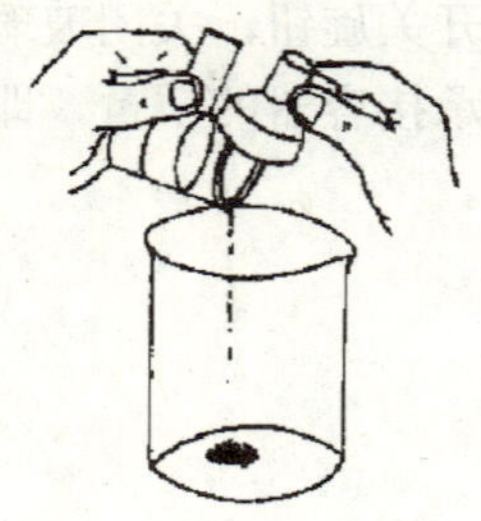

图 2-19　敲击倾出试样

需要注意的是，如果倾出试样量超过所需质量，只能弃去重称。不可将倾出的试样倒回称量瓶中，以免玷污试样。

三、分析天平质量的简单检验技术

分析天平的质量指标主要有：灵敏度误差、示值变动性误差和不等臂性误差。对外出具分析检验结果的实验室，其分析天平必须每年经国家或省级技术监督部门检定一次，以保证分析天平的工作质量。

在日常的实验或检验工作中，常常需要掌握分析天平是否处于正常的工作状态，以便放心地使用。利用分析天平自身的条件，通过下述两种方法的检验可初步判断分析天平的质量情况。

（一）天平零点示值变动性误差检验

检查天平水平和调节零点以后，连续测定天平的零点 3～5 次，记录读数，求出各次测定值的极差（最大值与最小值之差）。要求极差在正负一个分度值（即分析天平投影屏中微分标尺的一个小格所代表的质量数值）的范围内为质量合格。常用的万分之一分析天平，一个分度代表万分之一克（即 0.000 1 g 或 0.1 mg），所以测定的极差值小于或等于±0.1 mg（即 0.2 mg），则天平的零点示值变动误差检验合格。若极差值大于 0.2 mg，超出值越大，天平的质量问题越严重，则称量试样引入的误差也越大。天平的零点示值变动误差过大，主要是天平横梁的玛瑙刀刀口损坏所导致。

（二）灵敏度误差检验

对于 TG 328A 型全机械加码电光分析天平的灵敏度误差检验最为方便，方法是：先将天平调节零点到“0.000 g”，然后关闭天平，用天平左上指数盘增加 10 mg 环码，再开启天平，可看到微分标尺向负值方向移动，待达到平衡点，读取标尺显示读数。如果分度格数量在−99～−101 小格，那么天平的空载灵敏度误差为合格。因为增加 10 mg 砝码，微分标尺向负方向移动了 100 个小格（即 100 小格±1 小格），增减的一个小格是天平显示的允许误差，所以标尺刻度的每一小格所代表的质量为：

10 mg/100 小格＝0.1 mg/小格

每一小格代表 0.1 mg 的质量，这是分析天平的灵敏度指标。简言之，增加 10 mg 砝码，标尺显示读数在−9.9～−10.1 mg，则天平的灵敏度误差质量合格。如果标尺显示的读数离开此范围越远，则说明天平的灵敏度误差越大。可通过调节天平横梁后上方的灵敏度调节螺丝调节到允许误差范围内。

对于 TG 328B 型半机械加码电光分析天平的灵敏度误差检验，可用一片纸来辅助完成。方法是：首先将纸片的质量剪到 10～20 mg，或者 60～70 mg，或者其他能使称量纸片时用到 10 mg 环码的质量，用准备检验的天平来称量该纸片达到平衡点；然后在所加载砝码和纸片不变的情况下，用平衡调节螺丝和投影屏调节杆将天平调节到“零点”（即投影屏显示读数为“0.××0 0 g”）；再用右上方的环码指数盘减去 10 mg 环码，开启天平，可看到微分标尺向正值方向移动，待达到平衡点，读取标尺显示读数。如果标尺显示读数在+9.9～+10.1 mg（即 10 mg±0.1 mg），说明天平的灵敏度误差质量合格。同理，如果标尺显示的读数离开此范围越远，则天平的灵敏度误差越大，天平的质量问题越严重。

用检验半机械加码电光天平的方法，同样可以检验单盘电光分析天平的灵敏度和质量。

第四节　滴定分析体积量器及其使用方法

滴定分析中测量液体体积的玻璃量器分为两大类，一类是准确测量液体体积的较精密量器，如滴定管、吸管（移液管和吸量管的统称）和容量瓶；另一类是粗略测量液体体积的量器，如量筒和量杯。

溶液体积测量的误差，是滴定分析中误差的主要来源之一。为使分析结果符合所要求的准确度，一方面需要正确地选用玻璃量器；另一方面要正确地使用玻璃量器。国家计量检定规程《常用玻璃量器检定规程》（JJG 196—90）对常用玻璃量器的分类、用法、准确度等级和标称容量的规定列于表 2-2 中。量器按其容积的准确度分为 A、B 两种等级，A 级的准确度要比同类型 B 级的高一倍。

下面介绍滴定分析中几种常用的玻璃量器及其使用方法。

表 2-2　量器的分类、用法、准确度等级和标称容量（JJG 196—90）

<table>
<tr><th colspan="3">量器的分类</th><th>用法</th><th>准确度
等级</th><th>标称总容量（mL 或 cm³）</th></tr>
<tr><td rowspan="2">滴定管</td><td colspan="2">无塞、具塞、三通活塞和自动定零位滴定管</td><td rowspan="2">量出</td><td rowspan="2">A、B 级</td><td>5，10，25，50，100</td></tr>
<tr><td colspan="2">座式滴定管</td><td>1，2，5，10</td></tr>
<tr><td rowspan="5">分度吸量管</td><td rowspan="2">完全流出式</td><td>有等待时间 15 s</td><td rowspan="5">量出</td><td>A 级</td><td rowspan="2">1，2，5，10，20，25，50</td></tr>
<tr><td>无等待时间</td><td>A、B 级</td></tr>
<tr><td colspan="2" rowspan="2">不完全流出式</td><td>B 级</td><td>0.1，0.2，0.25，0.5</td></tr>
<tr><td>A、B 级</td><td>1，2，5，10，20，25，50</td></tr>
<tr><td colspan="2">吹出式</td><td>B 级</td><td>0.1，0.2，0.25，0.5，1，2，5，10</td></tr>
<tr><td colspan="3">单标线吸量管</td><td>量出</td><td>A、B 级</td><td>1，2，5，10，15，20，25，50，100</td></tr>
<tr><td colspan="3">单标线容量瓶</td><td>量入</td><td>A、B 级</td><td>1，2，5，10，25，50，100，200，250，500，1 000，2 000</td></tr>
<tr><td colspan="3">量杯</td><td>量出</td><td>—</td><td>5，10，20，50，100，250，500，1 000，2 000</td></tr>
<tr><td rowspan="2">量筒</td><td colspan="2">具塞</td><td>量入</td><td>—</td><td rowspan="2">5，10，25，50，100，200，250，500，1 000，2 000</td></tr>
<tr><td colspan="2">不具塞</td><td>量出
量入</td><td>—</td></tr>
</table>

一、吸管

吸管是移液管（全称“单标线吸量管”，习惯称为移液管，也称为“大肚吸管”）和吸量管（全称“分度吸量管”，习惯称为吸量管，也称“刻度吸管”）的总称（图 2-20、图 2-21），是用于准确吸（量）取一定体积实验溶液的量出式玻璃量器。移液管是一根细长而中间有膨大部分的玻璃管，管颈上部刻有环形标线，膨大部分标有 20℃时的容积。由于其读数部分管径较小，所量取溶液的体积误差较小。常用移液管产品的规格及国家标准规定的容量允许差见表 2-3。

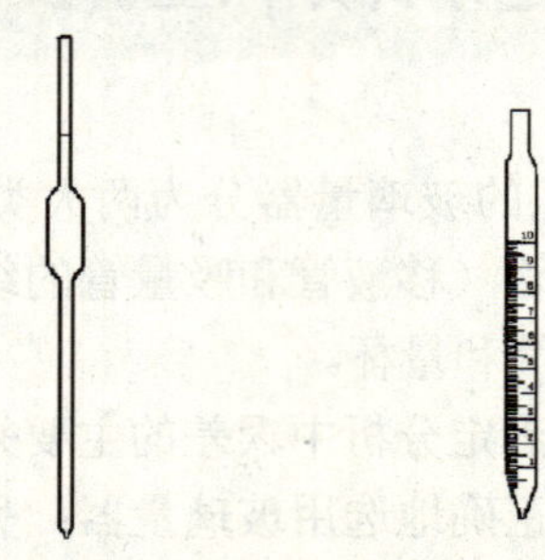

图 2-20　移液管　　　图 2-21　吸量管

表 2-3 常用移液管的规格及容量允许差

标称容量/mL		2	5	10	20	25	50	100
容量允许差/mL	A 级	±0.010	±0.016	±0.020	±0.030	±0.05	±0.08	
	B 级	±0.020	±0.030	±0.040	±0.10	±0.10	±0.16	

吸量管是具有均匀刻度的玻璃管，可准确量取所需要的刻度范围内某一体积的溶液，但其准确度比移液管的略差。将溶液吸入，读取与液面相切的刻度（一般在零刻度），然后将溶液放出至适当刻度，两刻度之差即为放出溶液的体积。在同一实验中，应尽量使用同一支吸量管的同一部位来量取溶液，以减少吸量管带来的测量误差。

（一）使用方法

1．吸管的冲洗和润洗

吸管在使用前要清洗至内壁及下端外壁均不挂水珠。先用自来水冲洗，如挂水珠，可用铬酸洗液吸入浸泡一会儿，将洗液倒入原洗液瓶中，用自来水冲洗，再用洗瓶吹出蒸馏水冲洗。

吸取溶液前，需用被吸取溶液润洗吸管，方法如下：先用滤纸把管尖内外的蒸馏水吸尽，然后用右手的拇指、中指和无名指拿住吸管标线以上的部分，左手拿洗耳球，将食指放在洗耳球的上方，其余手指自然握住洗耳球，把洗耳球中的空气排出，尖端吸气口插入吸管管口，将吸管管尖插入溶液液面以下 2～3 cm 深处，同时松开紧捏的洗耳球。待吸入的溶液慢慢上升至约 1/3 体积时，迅速移开洗耳球，立即用右手食指按住管口（尽量勿使溶液返流回原瓶中，以免稀释溶液），提起吸管，离开溶液。将吸管放横使管口稍低于管尖，以左手辅助支撑在吸管靠近膨大处，旋转吸管，使溶液润洗内壁至吸管刻度线以上 2～3 cm 处，将吸管竖直，从管尖排出溶液至废液容器中。用同样的方法润洗吸管 3～4 次，即可移取溶液。

2．移取溶液

用上述润洗吸管吸取溶液的方法，将溶液吸取至吸管的标线以上 2～3 cm 处，迅速移开洗耳球，立即用右手食指堵住管口。提起洗管离开液面，倾斜盛装溶液的容器约 45°，使吸管管尖靠于内壁。左手放下洗耳球，抬起容器，调节高度使吸管标线与眼睛视线水平。保持吸管竖直向下，微微松动右手食指，使液面缓慢下降，直到溶液弯月面的最低点与标线相切，立即按紧食指。右手保持不动，左手放下容器，拿起接收溶液的容器，使该容器倾斜约 45°，内壁靠住吸管管尖，松开右手食指，让溶液自然顺壁流下（图 2-22）。待溶

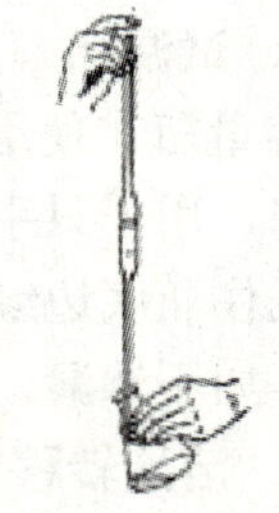

图 2-22 从吸管放出溶液的操作

液完全流出吸管，仍保持吸管竖直向下，等待 15 s，移开吸管，放到吸管架上。注意，吸管放出溶液后，管尖仍残留有少量溶液，除吸管上有特别注明“吹”字外，此残留液不可吹入容器中，因为在生产吸管时，并未把这部分体积计算在内。

（二）注意事项

（1）吸管不允许放在烘箱中或加热烘干。

（2）单标线吸管一般与容量瓶配套使用，使用前应对两者的容积做相对校准。

（3）在同一实验中，应尽可能使用同一支分度吸管的同一段，并尽量使用管的上端部分，而不用末端收缩部分。

（4）若短时间内不使用吸管，应即时用自来水和蒸馏水依次冲洗干净，放于吸管架上，以免长时间放置后清洗特别困难。

二、容量瓶

容量瓶是细颈梨形的平底玻璃瓶，带有玻璃磨口塞或塑料塞，瓶颈上有一环形标线，表示在 20℃时当液体充满到标线，所容纳液体的体积恰好等于容量瓶标称体积。容量瓶均为量入式量器，常用容量瓶的规格及国家标准规定的容量允许差见表 2-4。

表 2-4　常用容量瓶的规格及容量允许差

标称容量/mL		10	25	50	100	200	250	1 000	2 000
容量允许差/mL	A 级	±0.020	±0.03	±0.05	±0.10	±0.15	±0.15	±0.40	±0.60
	B 级	±0.040	±0.06	±0.20	±0.20	±0.30	±0.30	±0.80	±1.20

容量瓶主要用于将精确称量的基准试剂准确地配制成一定体积的标准溶液，或将已知准确浓度的浓溶液准确地稀释成一定体积的稀溶液。容量瓶常与吸管配套使用，可把配制成的标准溶液等分成若干份。

（一）容量瓶的使用方法

1．试漏

容量瓶在使用前应先检查其密合性，方法是：加自来水至容量瓶的标线处，盖好瓶塞，用一只手的食指按住瓶塞，其余手指拿住瓶颈标线以上部分，另一只手用指尖托住瓶底边缘，将容量瓶倒置 2～3 min，然后用滤纸片检查瓶塞周围是否有水渗出。如不渗漏，将瓶直立，把瓶塞旋转 180°后，再试漏，通过检查即可使用。

2．溶液转移

先将准确称取的基准试剂或被测样品置于洁净的大小合适的烧杯中，用少量蒸馏水将其溶解。然后再将该溶液完全转移至预先洗净的容量瓶中。转移方法是：用右手拿玻璃棒并将其伸入容量瓶中，使下端靠于瓶颈内壁上，上端不碰瓶口，左手拿烧杯并将烧杯嘴紧贴玻璃棒中下部，慢慢倾斜烧杯，使溶液沿着玻璃棒和容量瓶内壁流入（图 2-23）。烧杯中溶液倒完后，慢慢回正烧杯，烧杯嘴仍紧贴玻璃棒，边回正边上提 1～2 cm，使附在玻璃棒与烧杯嘴之间的溶液流到容量瓶中，离开玻璃棒，把玻璃棒放回烧杯中。用洗瓶以少量蒸馏水先冲洗玻璃棒，然后从上到下环绕冲洗烧杯内壁，将洗涤的溶液用相同方式转移入容量瓶中。如此反复冲洗 3～4 次，每次用水 5～10 mL，即完成溶液转移。

3．定容

向转移后的容量瓶中加蒸馏水至容量瓶总容量的 2/3 左右，水平旋摇容量瓶几圈，使溶液初步混匀。继续加蒸馏水至距离标线 0.5～1 cm 处，放置 1～2 min，使附在瓶颈内壁的液膜流下，再用滴管滴加蒸馏水至溶液弯液面下缘与标线相切为止，盖紧瓶塞。

4．摇匀

定容后，用一只手的食指按住瓶塞顶部，其余手指拿住瓶颈标线上部，用另一只手的指尖托住瓶底边缘将容量瓶倒转，气泡上升到顶部，水平旋摇瓶身混匀溶液，然后使其恢复正立（图 2-24），待溶液完全流下至标线后，再次倒转容量瓶，旋摇。如此反复操作 5～6 次使溶液充分混合均匀。

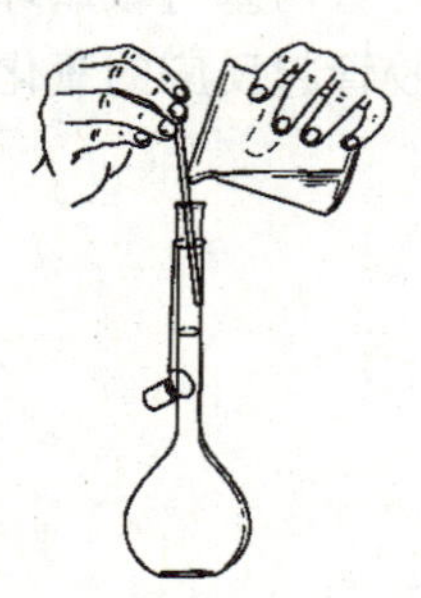

图 2-23　向容量瓶转移溶液的操作

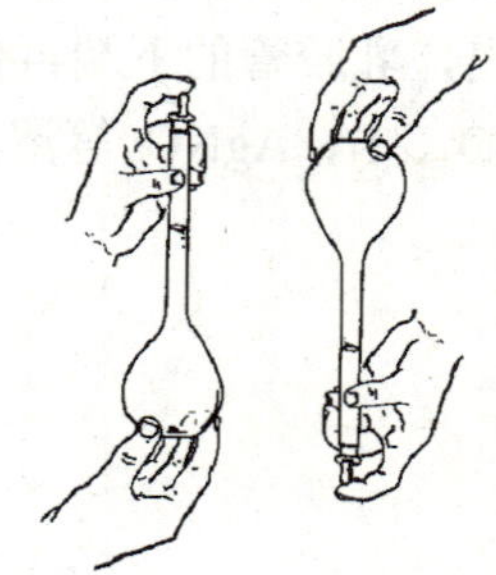

图 2-24　混匀容量瓶内溶液的操作

（二）注意事项

（1）容量瓶的磨口瓶塞与瓶是对应配套使用的，用错后易漏。同时，还为防止瓶塞污染、丢失，应用橡皮筋或细绳将瓶塞系在瓶颈上。使用中不能将其放在桌面上。

（2）容量瓶用毕，应立即用自来水冲洗干净。如长期不用，存放时磨口处应洗净擦干，垫上小纸片，以免久置黏结。

（3）勿把容量瓶当试剂瓶使用。配制好的溶液如需要保存，应转移到干燥、洁净的试剂瓶中存放。

三、滴定管

滴定管是滴定时准确测量所放出标准滴定溶液体积的量器（为量出式计量玻璃仪器），是由刻有精确刻度而内径均匀细长的玻璃管制成。常量分析的滴定管容积有 50 mL 和 25 mL 两种规格，最小刻度为 0.1 mL，可估计读数准确到 0.01 mL，最大误差为 0.02 mL。此外，还有容积为 10 mL、5 mL、2 mL、1 mL 的半微量和微量滴定管。

常用滴定管的规格及国家标准规定的容量允许差见表 2-5。

表 2-5　常用滴定管的规格及容量允许差

标称总容量/mL		5	10	25	50	100
分度值/mL		0.02	0.05	0.1	0.1	0.2
容量允许差/mL	A 级	±0.010	±0.025	±0.04	±0.05	±0.10
	B 级	±0.020	±0.050	±0.08	±0.10	±0.20

滴定管一般分为两种：一种是酸式滴定管（图 2-25a），用于装酸性溶液和氧化性溶液，不宜装碱性溶液，因为碱性溶液能腐蚀玻璃，使活塞难以转动；另一种是碱式滴定管（图 2-25b），它的下端连接有一小段乳胶管，管内塞有玻璃珠以控制溶液的流出，乳胶管的下端再接一尖嘴玻璃管。凡能与乳胶管起反应的氧化性溶液，如 $KMnO_4$、I_2、$AgNO_3$ 等溶液，不能装在碱式滴定管中。

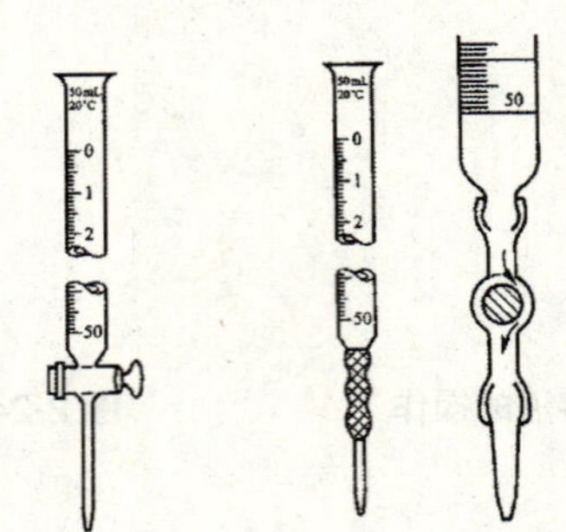

（a）酸式滴定管　　（b）碱式滴定管

图 2-25　滴定管

（一）滴定管的使用方法

1．洗涤

无明显油污，不太脏的滴定管，可直接用自来水冲洗，或用专用的滴定管刷蘸洗衣粉水刷洗。若有油污不易洗净时，可用铬酸洗液洗涤。洗涤时将酸式滴定管内的水尽量除去，关闭活塞，倒入10～15 mL洗液于滴定管中，边转动边向管口倾斜，直至洗液流遍全部管壁为止，打开活塞，将洗液放回原洗液瓶中。如果滴定管油垢较严重，需用较多洗液充满滴定管浸泡几十分钟或更长时间，甚至用温热洗液浸泡一段时间。洗液放出后，先用自来水冲洗，再用蒸馏水淋洗 3～4 次，洗净的滴定管其内壁应完全被水均匀地润湿而不挂水珠。

碱式滴定管的洗涤方法与酸式滴定管的基本相同，但要注意铬酸洗液不能直接接触乳胶管，否则乳胶管变硬损坏。因此，最简单的方法是将乳胶管连同尖嘴部分一起拔下，滴定管下端套上一个滴管的橡皮帽，然后装入洗液洗涤，用自来水冲洗，用蒸馏水淋洗3～4次，备用。

2. 涂凡士林

酸式滴定管活塞与塞套应密合不漏，转动要灵活，应在活塞上涂一薄层凡士林。涂凡士林的方法是：将活塞取下，用滤纸或干净的布把活塞和活塞套内壁擦干净，用食指尖蘸少量凡士林在活塞的大小两头各涂上薄薄一圈，在紧靠活塞孔的两旁不要涂凡士林，以免放回活塞套后堵住活塞孔。涂完，把活塞放回套内，向同一方向旋转活塞几圈，使凡士林分布均匀呈透明状。如发现转动不灵活或活塞上出现纹路，表示凡士林涂得不够；若是凡士林从活塞缝内挤出或活塞孔被堵，表示凡士林涂得太多。遇到这种情况，都必须把活塞和活塞套擦干净重新再涂。涂好凡士林后，用乳胶管剪切制成的小橡皮圈套住活塞的小头，将活塞固定在活塞套内，防止滑出。

碱式滴定管不涂凡士林，只要将洗净的乳胶管、尖嘴管和滴定管主体部分连接好即可。

3. 试漏

酸式滴定管，关闭活塞，装入蒸馏水至一定刻度线，直立放到滴定管架上约2 min，仔细观察刻线度上的液面是否下降，滴定管下端有无水滴，及活塞缝隙中有无渗水。将活塞转动180°后等待约2 min，再观察，如有漏水，重新再涂凡士林。

碱式滴定管，装蒸馏水至一定刻度线，直立滴定管约 2 min，仔细观察刻度线上的液面是否下降，滴定管下端尖嘴上有无水滴。如有漏水，则应调换乳胶管中玻璃珠，选择一个大小合适比较圆滑的配上再试。玻璃珠太小或不圆滑都可能漏水，但玻璃珠太大不利于滴定操作。

4. 加装溶液和赶除气泡

准备好滴定管后即可加装标准滴定溶液。为了除去滴定管内残留的水分，确保标准滴定溶液浓度不变，应先用此标准滴定溶液润洗 2～3 次，每次约用 10 mL。操作时，边转动边向管口倾斜，使标准滴定溶液流遍全管，然后将溶液从管下口放出，弃去。在装入标准滴定溶液时，应直接倒入，不得借用任何别的容器，以免标准滴定溶液浓度改变或造成污染。

装好标准滴定溶液后，需注意滴定管尖嘴内有无气泡，否则在滴定过程中，气泡将逸出，影响溶液体积的测量。酸式滴定管赶除气泡的方法是：打开活塞，使溶液迅速冲出，将气泡带走；碱式滴定管，可把乳胶管向上弯曲，捏挤玻璃珠，使溶液从尖嘴喷出，带走气泡。

5．滴定

滴定最好在锥形瓶中进行，必要时也可在烧杯中进行。滴定操作是左手控制滴定管“阀门”，滴加标准滴定溶液，右手摇瓶或搅拌被滴定溶液，使滴定反应及时进行完全。使用酸式滴定管的操作如图 2-26a 所示，左手的拇指在活塞前，食指和中指在活塞后，手指略微弯曲，轻轻向内扣住活塞，手心空握，无名指和小拇指内曲，外侧轻顶活塞下段管，以防活塞被顶出造成漏水。滴定时转动活塞，控制溶液流出速度。开始滴定时，标准滴定溶液滴出的速度可以稍快些，但不能使溶液成流水状放出，以每秒 3～4 滴为宜。边滴边摇（或用玻璃棒搅拌烧杯中溶液），使被滴定溶液向同一方向作圆周旋转，临近终点时，滴定速度要减慢，一滴一滴加入，甚至半滴加入，直到滴定刚好到达滴定终点为止。半滴的滴法是将活塞稍稍转动，使半滴溶液悬于管口，用锥形瓶内壁与管口相接触，使液滴流出，并用蒸馏水冲下。

使用碱式滴定管的操作如图 2-26b 所示，左手的拇指在前，食指在后，捏住乳胶管中玻璃珠所在部位稍上处，捏挤乳胶管使其与玻璃珠之间形成一条缝隙，溶液即可流出。但注意不能捏挤玻璃珠下方的胶管，否则滴定结束时空气被吸入尖嘴形成气泡，造成滴定体积计量错误。

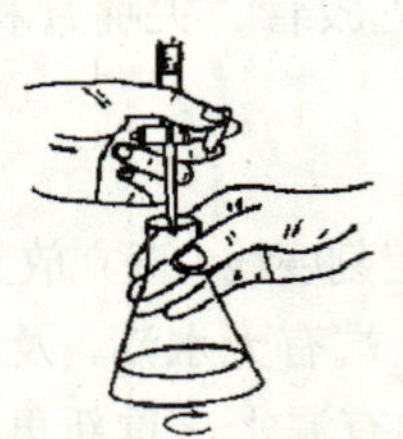

（a）酸式滴定法

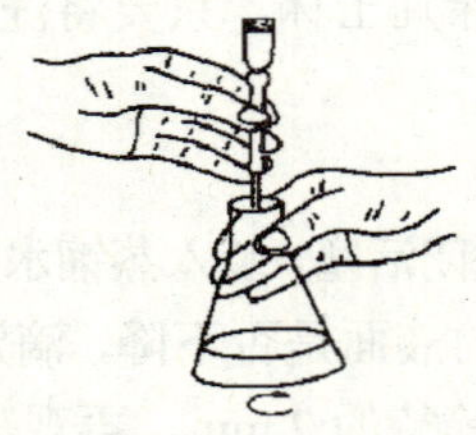

（b）碱式滴定法

图 2-26 滴定操作

6．读数

由于水溶液的附着力和表面张力的作用，滴定管内液面呈弯月形。无色溶液的弯月面比较清晰，而有色溶液的弯月面较模糊，因此，两种情况的读数方法稍有不同。为了正确读数，应遵守下列规则。

（1）注入溶液或放出溶液后，需等待 30 s～1 min 后才能读数（使附着在内壁上的溶液流下）。

（2）滴定管应用拇指和食指拿住滴定管的上端，使管身保持垂直后读数。

（3）对于无色溶液或浅色溶液，应读弯月面下缘实线的最低点，读数时视线应与弯月面下缘实线的最低点相切，即视线与弯月面下缘的最低点在同一水平面上，如图 2-27a 所示。对于有色溶液，应使视线与液面两侧的最高点相切，如图 2-27b 所示。滴定过程中，初读数和终读数应使用同一种读数方法。

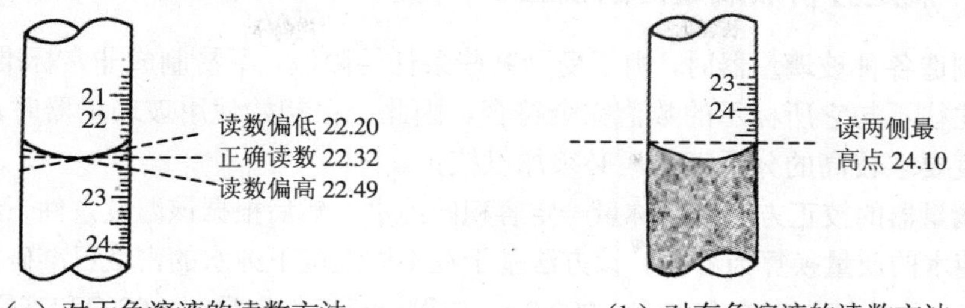

（a）对无色溶液的读数方法　　（b）对有色溶液的读数方法

图 2-27　普通滴定管的读数

（4）有一种蓝线衬底的滴定管，其读数方法（对无色溶液）与上述不同，无色溶液有两个弯月面相交于滴定管蓝线的某一点，如图 2-28 所示，读数时视线应与此点在同一水平面上。对有色溶液读数方法与上述普通滴定管的相同。

（5）滴定时，最好每次都从 0.00 mL 开始，或从接近零的任一刻度开始，这样可较固定地使用滴定管某一段的刻度，减少滴定管测量体积的误差。读数必须准确到 0.01 mL。

（6）为了协助读数，可采用读数卡，有利于初学者练习读数。读数卡可用黑纸或涂有黑色长方形的白纸制成，读数时，将读数卡放在滴定管背后，使黑色部分在弯月面下约 1 mm 处，即可看到弯月面的反射层成为黑色，如图 2-29 所示，读此黑色弯月面下缘的最低点。

图 2-28　蓝线滴定管的读数

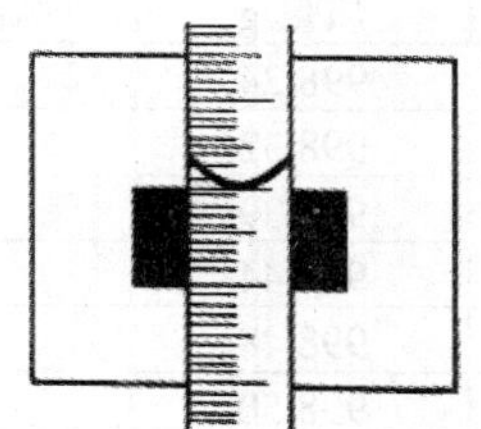

图 2-29　借助黑色纸卡读数

（二）注意事项

（1）滴定管用毕后，倒去管内剩余溶液，用水洗净，装入蒸馏水至刻度以上，用大试管套在管口上。这样，下次使用前可不必再用洗液清洗。滴定管洗净后也可以倒置夹在滴定管夹上。

（2）酸式滴定管长期不用时，活塞部分应垫上小纸条，否则，时间一久，塞子不易打开。碱式滴定管不用时乳胶管应拔下，蘸些滑石粉保存。

四、滴定分析玻璃量器的校正

在制造各种玻璃量器时，由于受到某些条件的限制，不易制成非常标准的成品，其容积往往不与它所标示的数值完全符合。因此，在初始使用玻璃量器时，尤其对于准确度要求较高的分析工作，必须加以校正。

玻璃量器的校正方法是：称量一定容积的纯水，然后根据该温度条件下纯水的密度，将纯水的质量换算为容积。该方法基于在不同温度下纯水的密度已准确测定过。3.98℃时，1 mL 纯水在真空中重 1.000 0 g，如果校正工作也是在 3.98℃和真空中进行，则称出的纯水的克数就等于容积的毫升数。但通常并不在 3.98℃而是在室温下称量纯水，同时不在真空里，而是在空气中称量，因此，称量的结果必须加以校正：

（1）由于纯水的密度随着温度的改变而改变的校正。

（2）由于玻璃仪器的容积随着温度改变而热胀冷缩改变的校正。

（3）物体由于空气浮力而使质量改变的校正。

为了便于计算，将此三项校正值合并得到一系列总校正值，列于表 2-6 中。该表中的数字表示，在不同温度下，用纯水充满 20℃时容积为 1 L 的玻璃仪器在空气中用黄铜砝码称量得到的质量。校正后的容积是指 20℃时该容器的真实容积。应用该表中数据来校正容量仪器十分方便。

表 2-6　用不同温度的纯水充满 20℃时容积为 1 L 的玻璃容器时，在空气中用黄铜砝码称量得到的水的质量

温度/℃	质量/g	温度/℃	质量/g	温度/℃	质量/g
0	998.24	14	998.04	28	995.44
1	998.32	15	997.93	29	995.18
2	998.39	16	997.80	30	994.91
3	998.44	17	997.65	31	994.64
4	998.48	18	997.51	32	994.34
5	998.50	19	997.34	33	994.06
6	998.51	20	997.18	34	993.75
7	998.50	21	997.00	35	993.45
8	998.48	22	996.80	36	993.12
9	998.44	23	996.60	37	992.80
10	998.39	24	996.38	38	992.46
11	998.32	25	996.17	39	992.12
12	998.23	26	995.93	40	991.77
13	998.14	27	995.69		

玻璃容器以 20℃为标准温度校准，但使用时不一定都在 20℃，因此，器皿的容量以及溶液的体积都将发生变化。器皿容量的改变是由于玻璃的胀缩引起，但玻璃的膨胀系数极小，在温度相差不太大时可以忽略不计。溶液体积的改变是由于溶液密度的改变所致，稀溶液的密度一般可以用相应的水的密度来代替。为了便于校准在其他温度下所测量的体积，表 2-7 列出了在不同温度下 1 000.0 mL 水（或稀溶液）换算到 20℃时，其体积应增减的毫升数ΔV（mL）。

例如，如果在 10℃时滴定用去 25.00 mL 0.1 mol/L 标准滴定溶液，在 20℃时应相当于$25.00+\frac{1.45\times 25.00}{1\,000}=25.04$，即 25.04 mL。

表 2-7 不同温度下每 1 000 mL 水（或稀溶液）换算到 20℃时的体积校正值

温度/℃	水及 0.01 mol/L 溶液的ΔV/mL	0.1 mol/L 溶液的ΔV/mL
5	+1.5	+1.7
10	+1.3	+1.45
15	+0.8	+0.9
20	0.0	0.0
25	−1.0	−1.1
30	−2.3	−2.5

（一）滴定管的校正

将待校正的滴定管充分洗净，加水调至滴定管“零”处（加入水的温度应当与室温相同）。记录水的温度，将滴定管尖外面水珠除去，然后以滴定速度放出 10 mL 水（不必恰好等于 10 mL，但相差也不应大于 0.1 mL），置于预先准确称量过质量的 50 mL 具有玻璃塞的锥形瓶中（锥形瓶外壁必须干燥，内壁不必干燥），将滴定管尖与锥形瓶内壁接触，收集管尖水滴。1 min 后读数（准确到 0.01 mL），并记录，将锥形瓶玻璃塞盖上，再称量出它的质量，并记录，两次质量之差即为放出的水的质量。

由滴定管中再放出 10 mL 水（即放至约 20 mL 处）于原锥形瓶中，用上述同样方法称量，读数并记录。同样，每次再放出 10 mL 水，即从 20 mL 到 30 mL，30 mL 到 40 mL，直至 50 mL 为止。用实验温度时 1 mL 水的质量（查表 2-6 的数据计算）来除每次得到的水的质量，即可得相当于滴定管各部分容积的实际毫升数（即 20℃时的真实容积）。

例如，在 21℃时由滴定管中放出 10.03 mL 水，称量其质量为 10.04 g。查表知道在 21℃时每 1 mL 水的质量为 0.997 00 g。由此，可算出 20℃时其实际容积为$\frac{10.04}{0.997\,00}$ mL＝10.07 mL。

故此管容积读数的误差为（10.07－10.03）mL＝0.04 mL。

碱式滴定管的校正方法与酸式滴定管相同。

现将在温度为 25℃时校正滴定管的一组实验数据示例列于表 2-8 中。

表 2-8　滴定管校正表（水温 25℃，1 mL 水的质量为 0.996 2 g）

滴定管读数/mL	读数的容积/mL	瓶与水的质量/g	水的质量/g	实际容积/mL	校正值/mL	总校正值/mL
0.03	—	29.20（空瓶）	—	—	—	—
10.13	10.10	39.28	10.08	10.12	+0.02	+0.02
20.10	9.97	49.19	9.91	9.95	–0.02	0.00
30.17	10.07	59.27	10.08	10.12	+0.05	+0.05
40.20	10.03	69.24	9.97	10.01	–0.02	+0.03
49.99	9.79	79.07	9.83	9.87	+0.08	+0.11

最后一项总校正值，例如 0～10 mL 为+0.02 mL，而 10～20 mL 的校正值为–0.02 mL。则 0～20 mL 的总校正值为+0.02＋（–0.02）＝0.00 mL。

由此即可校正滴定时所用去的溶液的实际毫升数。

（二）移液管和吸量管的校正

移液管和吸量管的校正方法与上述滴定管的校正方法相同。

（三）容量瓶的校正

1. 绝对校正法

准确称量洗净并干燥的容量瓶（空瓶质量），注入蒸馏水至标线，记录水温，盖上瓶塞再次准确称量（称量准确度的要求应与容量瓶大小相对应，例如，校正 250 mL 的容量瓶应称量准确至 0.1 g），两次称量质量之差，即为容量瓶容纳的水的质量。根据上述方法算出该容量瓶 20℃时的真实容积数值，求出校正值。

2. 相对校正法

在很多情况下，容量瓶与移液管是配合使用的，因此，重要的不是要知道容量瓶的绝对容积，而是容量瓶与移液管的容积比是否正确，例如，250 mL 容量瓶的容积是否为 25 mL 移液管所放出的溶液体积的 10 倍。一般只需要做容量瓶与移液管的相对校正即可。

校正方法：预先将容量瓶洗净、晾干，用洁净的移液管吸取蒸馏水注入该容量瓶中。假如容量瓶容积为 250 mL，移液管为 25 mL，则共吸取 10 次，观察容量瓶中水的弯月面是否与标线相切，若不相切，表示有误差。一般应将容量瓶晾干后再重复校正一次，如果仍不相切，可在容量瓶颈上做一新的标记（可用胶带纸缠上），以后总是配合这支相对校正过的移液管配套使用，并以新标记为准。

第五节　重量分析（法的）基本操作

重量分析中，试样的称取及溶解等操作与其他分析方法相同，这里就不再赘述。但应注意，重量分析中，称取试样的量应不使得到的沉淀过多或过少，即结晶形沉淀不超过 0.5 g，胶状沉淀不得超过 0.2 g。

一、沉淀

进行沉淀的条件，即加入试剂的次序、加入试剂的量和浓度、加入速度、沉淀时溶液的温度和沉淀陈化的时间，已在相应的实验内容中写清，要仔细按照分析的具体步骤进行，否则会产生较大误差。

沉淀所需的试剂溶液应事先准备好，浓度只须准确至 1%，因此一般加入固体试剂只需用托盘天平称取，加入液体试剂用量筒量取即可。

试剂如果可以一次加到溶液里，则应将它沿着烧杯壁倒入或是将其沿着玻璃棒加到溶液中，要小心，不使溶液溅失。通常加入沉淀剂是用滴管逐滴加入，并同时搅拌，不使沉淀剂局部过浓。搅拌时不要使玻璃棒敲打和刻划烧杯壁。沉淀若需在热溶液中进行，则不得使溶液沸腾，否则会引起水星的溅出或雾沫的飞散而造成损失，所以，最好使用水浴。

进行沉淀时，所用烧杯必须配备玻璃棒和表面皿。三者一套不许分离，直到沉淀完全转移出烧杯为止。

二、沉淀的过滤和洗涤

1. 滤纸的选择

重量分析中应当用定量滤纸（又称无灰滤纸）进行过滤。滤纸的选择应根据沉淀的类型和沉淀的量来确定（表 1-7）。不易过滤的非晶形沉淀如氢氧化铁、氢氧化铝等，应选用孔隙较大的快速滤纸；粗晶形沉淀如碳酸锌等，宜选用中速滤纸；细晶形沉淀如硫酸钡、草酸钙等因易穿透滤纸，应选用最紧密的慢速滤纸。选择滤纸的直径大小应与沉淀的量相适应，即沉淀的量应不超过滤纸折叠成圆锥高度的一半。

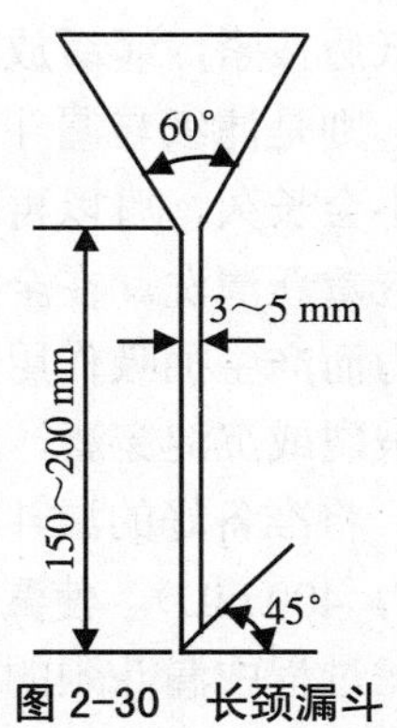

图 2-30　长颈漏斗

2. 漏斗的选择

重量分析所用的漏斗是长颈漏斗，颈长为 15～20 cm，漏斗锥体角度应为 60°，颈的直径为 3～5 mm，以便在颈内容易保留水柱，出口处为 45°，见图 2-30。漏斗的大小可根据滤纸的大小来选择匹配，使折叠成的圆锥形滤纸放入漏斗中，滤纸的上沿应比漏斗上沿低 0.5～1 cm。

3．滤纸的折叠、安放与形成水柱

标准的漏斗锥体应为 60°的圆锥角，但有一些漏斗往往并非正好 60°，因此，在过滤沉淀前，应按图 2-31 所示方法折叠和安放好滤纸，再形成水柱，具体操作如下。

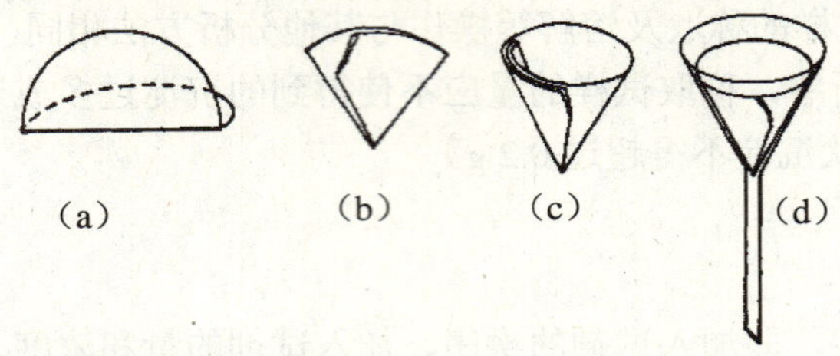

（a）对折　（b）折成合适角度并撕去一角　（c）展开成锥形　（d）放进漏斗

图 2-31　滤纸的折叠和安放

用洁净干燥的手先把滤纸整齐地对折成直角，但第二次对折时不要折死，成圆锥体形状打开（圆锥体的半边为三层滤纸，另半边为一层滤纸），放入漏斗（此时漏斗应干净而且干燥）。如果滤纸的锥度与漏斗的密合不好，可稍稍改变滤纸的折叠角度，直到与漏斗的锥度密合为止。此时可以把第二次的折边折死，并从漏斗中取出，将半边为三层滤纸的最外两层折角撕下一角，可使这个地方的内层滤纸更好地贴在漏斗上，否则此处会有空隙。撕下来的纸角保存在干燥的表皿上，以备擦烧杯用。

再将锥形滤纸放入漏斗中，使滤纸三层的一边放在漏斗出口短的一边，用手向下按紧使之密合，用洗瓶加水将滤纸全部润湿，以手指轻压滤纸，赶去滤纸与漏斗壁间的气泡。用手指堵住漏斗下面出口，稍稍掀起滤纸的三层一边，用洗瓶向滤纸和漏斗间的空隙里加水，直到漏斗颈及锥体的一小部分被水充满，再排除气泡，把滤纸边按紧，缓缓放开下面堵住出口的手指，此时水柱即可形成。如果水柱不能保留，则是滤纸与漏斗没有密合。如果水柱虽然形成，但纸边仍有微小空隙，水柱保持不会长久，可以再将纸边按紧。有时，水柱不能连续，是因为漏斗颈不干净，这时应重新清洗。在全部过滤过程中，漏斗颈必须全部被液体所充满，才能因液柱的重力而产生抽吸作用，加快过滤速度。注意：湿滤纸经多次按紧、摩擦，易变薄导致破裂或沉淀穿滤，此时应弃之重作。准备好后，用纯水洗涤 1～2 次。

将准备好的漏斗放在漏斗架上，漏斗下面放一盛接滤液的较大而洁净的烧杯（一般为 400 mL），使漏斗颈口紧贴杯壁，滤液能沿烧杯壁流下。漏斗位置的高低，以过滤过程中漏斗颈的出口不接触滤液为度。漏斗必须放置得很端正，使其边缘在同一水平上，否则滤纸一面较高，在洗涤沉淀时，这部分较高的地方就不能经常被洗涤液浸没，而使一部分杂质留下来。

在同时进行几个平行分析时，应把装有待滤溶液的烧杯分别放在相应的漏斗之前，方便后续过滤操作。

4. 过滤和洗涤

过滤一般是用倾注法（或称倾泻法，图 2-32）。即待沉淀下沉到烧杯底部后，把上层清液先倒入漏斗内，尽可能不搅起沉淀。上层清液倒出后，再将洗涤液加于烧杯中，搅拌沉淀进行充分洗涤，再静置片刻，待沉淀下沉后，再倒出上层清液。这样既可以加速过滤，不致使沉淀堵塞滤纸，而且对沉淀的洗涤也更加充分。过滤时，滤液最多加到距滤纸边线约 0.5 cm 处，过高会使沉淀因毛细作用而超过滤纸边线，造成损失。

具体操作：待沉淀下沉，一只手拿玻璃棒，垂直地立在滤纸的三层部分上方，但勿接触滤纸。另一只手拿起盛有沉淀的烧杯，使杯嘴贴着玻璃棒，慢慢将烧杯倾斜，尽量不搅起沉淀，将上层清液慢慢沿玻璃棒倒入漏斗中。停止倾注溶液时，将烧杯沿玻璃棒往上提 1～2 cm，同时逐渐扶正烧杯，随即离开玻璃棒。这样才可以使最后一滴溶液也顺着玻璃棒流下，而不致流到烧杯外面去。烧杯离开玻璃棒后，将玻璃棒放回烧杯，但勿使它靠在烧杯嘴上。

用洗瓶（或滴管）沿烧杯壁旋转着挤入 10～15 mL 洗涤液，用玻璃棒搅起沉淀充分洗涤，然后将烧杯稍微倾斜，使沉淀集中。待沉淀下沉后，再按前述方法倾出和过滤清液。洗涤应遵循少量多次的原则，洗涤次数要看沉淀的性质及杂质的含量而定。

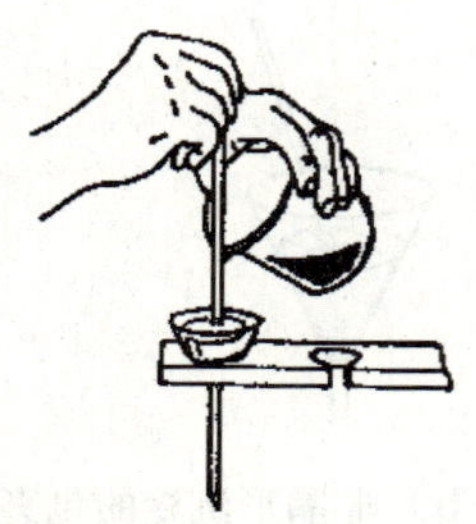

图 2-32　倾泻法过滤

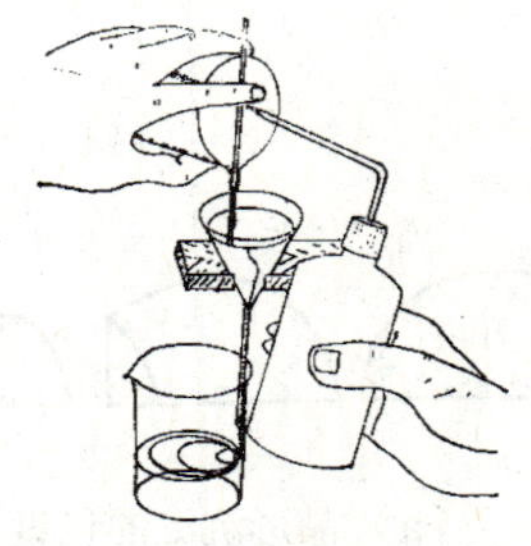

图 2-33　冲洗沉淀的方法

为了把沉淀转移到滤纸上，先用洗涤液将沉淀搅起（加入洗涤液的量，应该是滤纸上一次能容纳的量），将悬浮液立刻按上述的方法转移到滤纸上，使大部分沉淀从烧杯中移出。重复 3～4 次，基本上可将沉淀全部转移到漏斗中。然后，将玻璃棒横架在烧杯口上（玻璃棒下端应在烧杯嘴上，且超出杯嘴 2～3 cm），用左手食指压住玻璃棒上段，拇指在前，其余手指在后，拿起烧杯，举至漏斗上方，倾斜烧杯，使玻璃棒下端指向滤纸的三层一边，用洗瓶尖嘴吹洗烧杯内壁，以便将附着于杯壁上的沉淀全部转移到漏斗中，见图 2-33。最后，用最初撕下的小块滤纸角（即折叠滤纸时撕下的纸角）擦拭玻璃棒，再用玻璃棒蹭着滤纸角擦拭烧杯（往往有一些牢牢地黏着在烧杯壁上的沉淀洗不下来）。这块滤纸要放在漏斗中。

沉淀全部转移到滤纸上后，尚需在漏斗中再次洗涤，既洗净沉淀表面吸附的杂质，也洗去滤纸上沾附的母液。用洗瓶或胶帽滴管挤出洗涤液，从滤纸边缘处开始螺旋向下冲洗沉淀，使沉淀向滤纸底部集中，见图 2-34。待每次洗涤液流尽后再进行第二次洗涤。一般晶形沉淀反复洗涤 8～10 次，非晶形沉淀洗涤 10～20 次。检查洗涤效果，直至洗净为止。

图 2-34　沉淀在漏斗中的洗涤

5．沉淀的包裹

从漏斗中取出洗净的沉淀和滤纸，按一定的操作方法进行包裹。

对于晶形沉淀，用玻璃棒从滤纸的三层处将滤纸从漏斗壁上拨开，用洗净的手取出滤纸和沉淀，如图 2-35a 所示程序折卷成小包，将沉淀包裹在里面。其步骤是：① 将滤纸对折成半圆形；② 自右端约 1/3 半径处向左折；③ 由上边向下边折；④ 再自右向左卷起成为圆柱状小包。折成的滤纸包放入已恒重的瓷坩埚中。

对于非晶形沉淀，因沉淀体积较大，如图 2-35b 所示，用玻璃棒把滤纸的边缘挑起向中间折叠，将沉淀全部盖住。然后小心取出，放入已恒重的坩埚中，使三层的滤纸部分向上，以便滤纸的炭化和灰化。

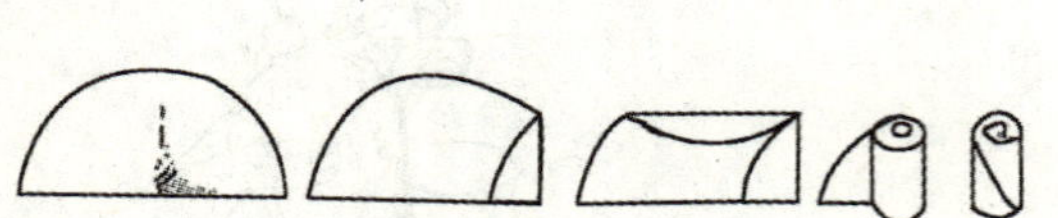
（a）晶形沉淀的包裹

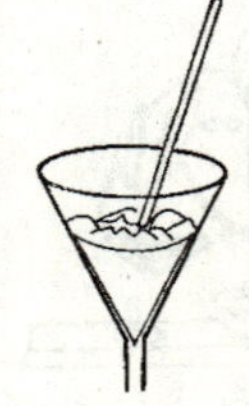
（b）非晶形沉淀的包裹

图 2-35　沉淀的包裹

三、沉淀的烘干、灼烧和恒重

沉淀的烘干和灼烧是获得沉淀称量形式的重要操作步骤。通常在 250℃以下的热处理称为烘干。250～1 200℃的热处理称为灼烧。

1．烘干

装有沉淀滤纸包的坩埚放在电炉上，坩埚盖半掩于坩埚上，加热使沉淀和滤纸慢慢干燥。在干燥过程中，温度不能太高，干燥不能过快，否则瓷坩埚与水滴接触易炸裂。

2．炭化和灰化

滤纸和沉淀干燥后，继续加热，使滤纸炭化。应防止滤纸着火燃烧，以免沉淀微粒飞失。如果滤纸着火，应立即将坩埚盖盖好，让火自行熄灭，不可用嘴吹灭。

待滤纸炭化后，逐渐升高温度，用坩埚钳不断转动坩埚，使滤纸灰化。将含碳固体物质燃烧成二氧化碳而除去的过程称灰化。滤纸若灰化完全，应不再呈黑色。

3．灼烧

将灰化完全后的坩埚用专用坩埚钳移入高温炉中灼烧。先把坩埚放在打开炉门的炉膛口预热，再送入炉膛中心，盖上坩埚盖，稍稍错开留出一条缝，在规定的温度和时间内灼烧。

4．冷却、称量及恒重

将灼烧好的坩埚从高温炉内取出，先放到石棉板上，等冷却到红热消退不感到烤手时，再移入干燥器中，在天平室冷却 15～20 min，直到与天平室温度相同，取出称量。在干燥器中冷却的初期，应推开干燥器盖数次，以调节气压，防止干燥器内因温度升高冲开干燥器盖，也防止坩埚冷却后，干燥器内压力降太低致使打开干燥器困难。

第一次灼烧、冷却和称量完成后，需再次进行灼烧、冷却和称量。通常在高温炉中灼烧沉淀时，第一次灼烧时间为 30～45 min，第二次灼烧时间为 15～20 min，冷却后称重，连续两次称量结果相差在±0.000 2 g 以内视为达到恒重，否则需反复灼烧，直到恒重。

在进行恒重称量时应特别注意，控制从干燥器中取出坩埚到在分析天平上称量读取数据的这段时间，应尽量使前后两次的称量读数时间保持一致，这是易被忽视，但又是达到恒重的关键操作之一。

第三章 基本实验

实验一 玻璃管与玻璃棒的加工

一、实验目的

（1）了解煤气灯或酒精喷灯的构造，学会正确使用煤气灯或酒精喷灯。

（2）掌握玻璃管（棒）的截断和熔光技术。

（3）初步掌握玻璃管的弯管和拉制技术。

二、器皿设备

煤气灯或酒精喷灯，三角锉刀，直尺，石棉网，火柴，6～10 mm 的玻璃管材、玻璃棒材，煤气或工业酒精。

三、实验步骤

学习本书第二章第一节“喷灯的使用和玻璃管（棒）的加工”的内容，完成以下操作，并交出实验作品。

（1）玻璃管和玻璃棒的截取　截取长 200 mm 的玻璃管 4 根，200 mm 的玻璃棒 2 根。

（2）煤气灯或酒精喷灯的准备　识别喷灯的构造，检查各旋钮是否完好，然后装好燃料，点燃，调节至正常火焰，并观察火焰的颜色及分层情况。

（3）熔光　将截取的玻璃管、玻璃棒的断面斜插入火焰中熔光。制作约 200 mm 的玻璃棒 2 根。

（4）玻璃弯管　制作直角弯管 2 支。

（5）拉制滴管　制作滴管 2 支。

四、思考题

（1）弯曲和熔光玻璃管（棒）时，应注意哪些问题？

（2）玻璃管弯曲后，为什么要进行退火处理？

实验二　分析天平的称量练习

一、实验目的

（1）了解分析天平的构造，掌握分析天平的使用方法。

（2）掌握直接称量法称量物品，学会用增量法和减量法称取试样。

二、分析天平的构造及使用

学习本书第二章第三节“分析天平与称量”的内容，初步了解 TG-328A 型全机械加码电光分析天平的构造、使用方法和称量技术。

三、仪器和试剂

全机械加码电光分析天平（TG-328A 型、感量 0.1 mg），托盘天平（感量 0.5 g），小表面皿，称量瓶，烧杯（100 mL 2 个、250 mL 1 个），牛角勺，石英砂或无水碳酸钠粉末试样（供称量练习用试样）。

四、实验步骤

（1）了解分析天平的基本构造，清扫天平台面及其周围的卫生，检查分析天平的水平，调节零点，为后续实验做好准备工作。

（2）直接称量法称量　先在托盘天平上粗称小表面皿的质量，然后在分析天平上准确称量该表面皿的质量，读数并正确记录数据。用同样方法，称取两个 100 mL 烧杯（编号区分两个烧杯）的质量。称量数据填入表 3-1。

表 3-1　直接称量法称量记录表

称量物品	表面皿	100 mL 烧杯 1	100 mL 烧杯 2
质量/g			
称量后天平零点/mg			

（3）增量法称量　用已经准确称量过的小表面皿做增量法称量练习，准确称取 0.2～0.25 g 试样，并转移到盛放烧杯中。要求经练习后能达到 2 min 内完成一个试样的称量。将其中的两次称量数据记录到表 3-2 中。

（4）减量法称量　用已装有试样的称量瓶做减量法称量练习，准确称取 0.5～0.6 g 试样，转移到承接烧杯中。要求经练习后能做到 3 min 内完成一个试样的称量。

将其中两次称量数据记录到表 3-3 中。

表 3-2 增量法称量记录表

项 目	第一份	第二份
表面皿质量/g		
表面皿+试样质量/g		
试样质量/g		
称量后天平零点/mg		

表 3-3 减量法称量记录表

项 目	第一份	第二份
称量瓶+试样质量 m_1/g		
称量瓶+试样质量 m_2/g		
试样质量 m_1-m_2/g		
称量后天平零点/g		

（5）选做实验 经称量练习至操作较熟练后，用减量法再称取 0.5～0.6 g 试样两份，分别转移到两个已称得准确质量的 100 mL 烧杯中。准确称量承接了试样的两个烧杯，检验倾出的试样质量与承接的试样质量是否相符，两者应相差不超过±0.2 mg。请自己设计数据记录表格。

五、思考题

（1）为了保护天平的玛瑙刀口，操作时应注意什么？以下操作能否允许?

① 在砝码和称量物的质量悬殊很大的情况下，完全打开开关旋钮；

② 急速地打开或关闭开关旋钮；

③ 未关闭开关旋钮就加减砝码或取下称量物。

（2）天平的零点不指在“0.000 0 g”位置是否可以进行试样的称量?

（3）用万分之一克分析天平准确称取 2 g 河沙试样，应记录几位有效数字？

（4）要使在分析天平上的称量误差小于 0.1%（天平的感量为 0.000 1 g），则至少应称取试样多少克?

实验三　滴定分析基本操作练习

一、实验目的

（1）掌握滴定管、移液管的洗涤方法。

（2）掌握滴定管、移液管和锥形瓶的滴定分析基本操作。

（3）熟悉判断滴定终点的方法。

二、实验原理

一定浓度的 HCl 溶液和 NaOH 溶液相互滴定，到达终点时，所消耗的两种溶液体积之比为一固定的值。通过酸碱滴定分析的练习，能提高滴定操作技术和判断滴定终点的能力。

本实验选用的指示剂甲基橙的变色范围是 pH 3.1（红色）～4.4（黄色），pH 4.0 附近为橙色。用 NaOH 溶液滴定 HCl 溶液时，终点颜色的变化为由橙色突变为黄色，而用 HCl 溶液滴定 NaOH 溶液时，则由黄色突变为橙色。酚酞指示剂的变色范围是 pH 8.0（无色）～10.0（红色），用 NaOH 溶液滴定 HCl 溶液时，终点颜色由无色突变为微红色，并保持 30 s 内不褪色。

三、仪器和试剂

（1）酸式、碱式滴定管（50 mL 各 1 支），移液管（25.00 mL 1 支），锥形瓶（250 mL 4 个）。

（2）HCl 溶液：0.1 mol/L 约 400 mL。

（3）NaOH 溶液：0.1 mol/L 约 400 mL。

（4）甲基橙指示剂：2 g/L。

（5）酚酞指示剂：2 g/L 乙醇溶液。

四、实验步骤

（1）酸式滴定管的准备　取 50 mL 酸式滴定管 1 支，其旋塞涂以凡士林、检漏、洗净后，用所配的 HCl 溶液将滴定管润洗 3 次（每次用约 10 mL），再将 HCl 溶液直接由试剂瓶倒入管内至刻度线“0”以上，排除出口管内气泡，调节管内液面至 0.00 mL 处。

（2）碱式滴定管的准备　碱式滴定管经安装橡皮管和玻璃珠、检漏、洗净后，用所配的 NaOH 溶液润洗 3 次（每次用约 10 mL），再将 NaOH 溶液直接由试剂瓶倒入管内至刻度线"0"以上，排除橡皮管内和出口管内的气泡，调节管内液面至 0.00 mL 处。

（3）移液管的准备　移液管洗净后，以 NaOH 溶液润洗 3 次待用。

（4）以甲基橙为指示剂，用 HCl 溶液滴定 NaOH 溶液　用上一步准备好的移液管移取 NaOH 溶液 25.00 mL 于 250 mL 锥形瓶中，加入 25 mL 蒸馏水、甲基橙指示剂 2～3 滴，用 HCl 溶液滴定至由黄色突变为橙色，并保持 30 s 内不褪色，即为终点。平行滴定 3 次，并带做空白实验。要求练习到三次平行滴定结果的相对平均偏差在 0.2%以内。

（5）以酚酞为指示剂，用 NaOH 溶液滴定 HCl 溶液　由酸式滴定管放出 20～25 mL（读至 0.01 mL）HCl 溶液于 250 mL 锥形瓶中，放液速度约为 10 mL/min。加酚酞指示剂 2～3 滴，用 NaOH 溶液滴定至溶液刚好突变微红色，即为终点。平行滴定 3 次，并带做空白实验。要求练习到三次平行滴定结果的相对平均偏差在 0.2%以内。

五、思考题

（1）用于滴定的锥形瓶是否需要干燥？要不要用操作溶液润洗？为什么？

（2）如何控制和判断滴定终点？

（3）若滴定结束时发现滴定管下端挂有溶液或气泡应如何处理？

六、实验报告示例

实验名称：　　　实验三　滴定分析基本操作练习

院（系）__________ 专　业__________ 班　级__________

姓　名__________ 同组人__________ 实验日期__________

1．实验步骤摘要

（1）配制 0.1 mol/L 的 HCl 溶液和 NaOH 溶液各 400 mL。

（2）以甲基橙为指示剂进行 HCl 溶液与 NaOH 溶液的浓度比较滴定。

（3）以酚酞为指示剂进行 NaOH 溶液与 HCl 溶液的浓度比较滴定。

（4）计算 HCl 溶液与 NaOH 溶液的体积比。

2．数据记录和结果计算

（1）酸、碱溶液的配制数据

0.1 mol/L 的 HCl 溶液 400 mL 配制：

0.1 mol/L 的 NaOH 溶液 400 mL 配制：

（2）以甲基橙为指示剂，用 HCl 溶液滴定 NaOH 溶液实验记录表

项目 \ 次数	1	2	3	4
V_{NaOH} mL	25.00	25.00	25.00	0.00
HCl 溶液读数（初） mL HCl 溶液读数（终） mL V_{HCl} mL				
V_{HCl}/V_{NaOH}				—
V_{HCl}/V_{NaOH} 平均值				
个别测定的绝对偏差				—
平均偏差				
相对平均偏差				

（3）以酚酞为指示剂，用 NaOH 溶液滴定 HCl 溶液实验记录表

项目 \ 次数	1	2	3	4
HCl 溶液读数（初） mL HCl 溶液读数（终） mL V_{HCl} mL				
NaOH 溶液读数（初） mL NaOH 溶液读数（终） mL V_{NaOH} mL				
V'_{HCl}/V'_{NaOH}				—
V'_{HCl}/V'_{NaOH} 平均值				
个别测定的绝对偏差				—
平均偏差				
相对平均偏差				

3. 讨论

4. 思考题解答

实验四　滴定分析容量仪器的校正

一、实验目的

（1）进一步熟练滴定管、移液管和容量瓶的使用。

（2）学会滴定管、移液管、容量瓶的校正方法。

（3）理解容量器皿校正的意义。

二、实验原理

见本书第二章第四节“四、滴定分析玻璃量器的校正”部分内容。

三、仪器和试剂

分析天平（精度不低于 0.01 g），酸式滴定管（50 mL 1 支），移液管（25 mL），容量瓶（50 mL 或 250 mL 1 个），温度计（0～50℃或 0～100℃ 1 支公用），洗耳球 1 个。

四、实验步骤

1. 酸式滴定管的校正

（1）将洗净并且外部干燥的 50 mL 容量瓶在天平上称量，准确称至小数点后第二位（0.01 g）（为什么？）。

（2）洗净 50 mL 酸式滴定管，并装满蒸馏水，调节液面至 0.00 mL 刻度处，记录水温。然后按每分钟约 10 mL 的滴速，滴出 10 mL［要求在（10± 0.1）mL 范围内］于上述已称量过质量的 50 mL 容量瓶中，1 min 后读数（精确到 0.01 mL），并记录，将容量瓶瓶塞盖上，称量出容量瓶和水的质量，两次质量之差即为滴出水的质量。用同样的方法从滴定管中滴出的 10～20 mL，20～30 mL，30～40 mL 和 40～50 mL 各刻度间的水到同一容量瓶中，并称量各次滴出水的质量。

参照表 2-8，记录和处理数据，得到该滴定管的实际容积校正数据。

2. 移液管的校正

将 25 mL 移液管洗净，按移液管的正确操作方法吸取蒸馏水至刻度，放入已准确称量的 50 mL 容量瓶中，再次称量。根据称量水的质量计算出在此温度下该移液管的实际容积。平行校正两次，两次称量的质量差不得超过 20 mg，否则重新校正。自行设计表格记录和计算处理测量数据。

3．容量瓶与移液管的相对校正

用 25 mL 移液管吸取蒸馏水注入洁净、干燥的 250 mL 容量瓶中（操作时切勿让水碰到容量瓶的磨口部分）。重复吸取 10 次，然后观察溶液弯月面下缘是否与刻度线相切，若不相切，另做新标记。经相互校正后的容量瓶与移液管均做上相同记号，以利今后配套使用。

五、思考题

（1）称量水的质量时，为什么只要精确至 0.01 g？

（2）为什么要进行容量器皿的校正？影响容量器皿体积刻度不准确的主要因素有哪些？

（3）利用称量水法进行容量器皿校正时，为何要求水温和室温一致？若两者有稍微差异时，以哪一温度为准？

（4）从滴定管放出蒸馏水到称量的容量瓶内时，应注意些什么？

实验五　化学反应速率和化学平衡

一、实验目的

（1）掌握浓度、温度、催化剂对反应速率的影响。

（2）掌握浓度、温度对化学平衡移动的影响。

（3）练习在水浴中进行恒温操作。

（4）学习根据实验数据作图。

二、实验原理

化学反应速率是以单位时间内反应物浓度的减少或生成物浓度的增加来表示。化学反应速率首先与反应物的化学性质有关，此外反应速率还受到反应进行时所处的外界条件（浓度、温度、催化剂）的影响。

碘酸钾和亚硫酸氢钠在水溶液中发生如下反应：

$$2KIO_3 + 5NaHSO_3 = Na_2SO_4 + 3NaHSO_4 + K_2SO_4 + I_2\downarrow + H_2O$$

反应中生成的碘遇淀粉使溶液变为蓝色。如果在反应物中预先加入淀粉作指示剂，则溶液变蓝色所需的时间 t 可用来表示反应速率的大小。反应速率与 t 成反比而与 $1/t$ 成正比。本实验固定亚硫酸氢钠的浓度，改变碘酸钾的浓度，可以测定得到一系列与不同浓度碘酸钾反应的淀粉变蓝的时间，将碘酸钾浓度与 $1/t$ 作图，可得到一条直线。该直线能较直观地反映出浓度对化学反应速率的影响。

温度可显著地影响反应速率。对大多数化学反应来说，温度升高，反应速率增大。

催化剂可大大改变化学反应速率，催化剂与反应系统处于同相，称为均相（或单相）催化。在 $KMnO_4$ 和 $H_2C_2O_4$ 的酸性混合溶液中，加入 Mn^{2+}可增大反应速率。该反应的反应速率可由 $KMnO_4$ 的紫红色褪去时间长短来指示。其反应式如下：

$$2KMnO_4 + 5H_2C_2O_4 + 3H_2SO_4 \xlongequal{Mn^{2+}} 2MnSO_4 + 10CO_2\uparrow + K_2SO_4 + 8H_2O$$

催化剂与反应系统不同相，称为多相催化，如 H_2O_2 溶液在常温下不易分解释放出氧气，而加入催化剂 MnO_2，则 H_2O_2 分解速率明显加快。

在可逆反应中，当正逆反应速率相等时即达到化学平衡。改变化学平衡系统的条件，如浓度（或系统中有气体时的压力）或温度时，会使平衡发生移动。根据吕·查德里原理，当条件改变时，平衡就向着减弱这个改变的方向移动。

如 $CuSO_4$ 水溶液中，Cu^{2+}以水合离子形式存在。$[Cu(H_2O)_4]^{2+}$呈蓝色。当加入一定量 Br^-后，即发生下列反应：

$$[Cu(H_2O)_4]^{2+} + 4Br^- \rightleftharpoons [CuBr_4]^{2-} + 4H_2O$$

$[CuBr_4]^{2-}$为黄色，改变反应物或生成物浓度，会使平衡移动，使溶液的颜色改变。该反应为吸热反应，升高温度会使平衡向右移动，降低温度平衡则向左移动，当然，温度变化也会使溶液颜色发生变化。

三、仪器和试剂

仪器：秒表，温度计（100℃ 1 支），量筒（100 mL、10 mL 各 2 个），烧杯（100 mL 6 个、400 mL 2 个），NO_2 平衡仪 1 套。

试剂：

（1）市售：MnO_2，KBr，H_2O_2（质量分数为 3%）。

（2）溶液：H_2SO_4 溶液（3 mol/L），$H_2C_2O_4$ 溶液（0.05 mol/L），KIO_3 溶液（0.05 mol/L），$KMnO_4$ 溶液（0.1 mol/L），$FeCl_3$ 溶液（0.1 mol/L），NH_4SCN 溶液（0.1 mol/L），$CuSO_4$ 溶液（1 mol/L），KBr 溶液（2 mol/L）。

（3）特殊溶液：带有淀粉的 0.05 mol/L $NaHSO_3$ 溶液的配制。先用少量水将 5 g 淀粉调成浆状，然后加入约 200 mL 沸水，煮沸，冷却后加入溶有 5.2 g $NaHSO_3$ 的溶液约 200 mL，混合后再加水稀释至 1 L。

（4）其他：碎冰。

四、实验步骤

1．浓度对反应速率的影响

用量筒量取 10 mL 已含有淀粉的 0.05 mol/L $NaHSO_3$ 溶液和 35 mL 蒸馏水，置

于 100 mL 小烧杯中，搅拌均匀。用另一只量筒量取 5 mL 0.05 mol/L KIO_3 溶液倒入该烧杯中，立刻按秒表计时，并搅拌溶液。记录溶液变为蓝色的时间，填入表 3-4。用同样方法依次按表 3-4 编号进行实验。

表 3-4　浓度对反应速率的影响数据记录表　　室温________

实验编号	$NaHSO_3$ 体积/mL	H_2O 体积/mL	KIO_3 体积/mL	溶液变蓝时间 t/s	$1/t$ s^{-1}	$c(KIO_3)$/(mol/L)
1	10	35	5			
2	10	30	10			
3	10	25	15			
4	10	20	20			
5	10	15	25			

根据记录数据，以 $c(KIO_3)$为横坐标、$1/t$ 为纵坐标，用坐标纸绘制曲线。

2．温度对反应速率的影响

在一只 100 mL 小烧杯中，混合 10 mL $NaHSO_3$ 溶液和 35 mL 蒸馏水；在试管中加入 5 mL KIO_3 溶液。将小烧杯和试管同时放在水浴中①，加热到比室温高出约 10℃，恒温 3 min 左右，将 KIO_3 溶液倒入 $NaHSO_3$ 溶液中，立即计时，并搅拌溶液。记录溶液变为蓝色的时间，与前一项实验编号 1 的结果作比较，测定数据填入表 3-5。

表 3-5　温度对反应速率的影响数据记录表

实验编号	$NaHSO_3$ 体积/mL	H_2O 体积/mL	KIO_3 体积/mL	实验温度/℃	溶液变蓝色时间/s
1	10	35	5		
2	10	35	5		

根据实验结果，说明温度对反应速率的影响。

3．催化剂对反应速率的影响

（1）均相催化　在试管中加入 3 mol/L H_2SO_4 溶液 1 mL，0.1 mol/L $MnSO_4$ 溶液 10 滴，0.05 mol/L $H_2C_2O_4$ 溶液 3 mL，在另一支试管中加入 3 mol/L H_2SO_4 溶液 1 mL，蒸馏水 10 滴，0.05 mol/L $H_2C_2O_4$ 溶液 3 mL。然后向两支试管中各加入 0.01 mol/L $KMnO_4$ 溶液 4 滴，摇匀。观察并比较两支试管中紫红色褪去的快慢。

（2）多相催化　在试管中加入 3% H_2O_2 溶液 1 mL，观察是否有气泡产生；然后向试管中加入少量 MnO_2 粉末，观察是否有气泡放出，并检验是否为氧气。

4．浓度对化学平衡的影响

（1）在小烧杯中加入 10 mL 蒸馏水，然后加入 0.1 mol/L $FeCl_3$ 及 0.1 mol/L

① 如果在室温 30℃以上做本实验时，用冰浴代替热水浴，温度比室温低 10℃左右。

NH_4SCN 溶液各 2 滴，得到浅红色溶液，即发生如下反应：

$$Fe^{3+} + nSCN^- \rightleftharpoons [Fe(SCN)_n]^{3-n} \qquad n=1\sim6$$

将所得溶液等分于两支试管中，在第一支试管中逐滴加入 0.1 mol/L $FeCl_3$ 溶液，观察颜色的变化，并将其与第二支试管中的颜色比较，说明浓度对化学平衡的影响。

（2）在三支试管中分别加入 1 mol/L $CuSO_4$ 溶液 10 滴、5 滴、5 滴，在第二支、第三支试管中各加 2 mol/L KBr 溶液 5 滴，在第三支试管中再加入少量固体 KBr。比较三支试管中溶液的颜色，并解释之。

5.温度对化学平衡的影响

（1）在试管中加入 1 mol/L $CuSO_4$ 溶液 1 mL 和 2 mol/L KBr 溶液 1 mL，混合均匀，分装在三支试管中。将第一支试管加热至沸，第二支试管放入冰水槽中，第三支试管保持室温，比较三支试管中溶液的颜色，并解释之。

（2）取一只带有两个玻璃球的平衡仪，其中有二氧化氮和四氧化二氮气体处于平衡状态，它们之间的平衡关系为：

$$2NO_2\,(g) \rightleftharpoons N_2O_4\,(g) \qquad \Delta H=-54.43\ \text{kJ/mol}$$

二氧化氮为红棕色气体，N_2O_4 为无色气体，气体混合物的颜色视二者的相对含量不同，可从浅红棕色至红棕色，将平衡仪的一个玻璃球浸入热水浴中，另一个玻璃球浸入冰水中。观察两个玻璃球中气体颜色的变化，指出平衡移动的方向，用吕·查德里原理解释之。

五、思考题

（1）影响化学反应速率的因素有哪些？在本实验中如何实验温度、浓度、催化剂对反应速率的影响？

（2）如何应用吕·查德里原理判断浓度、温度的变化对化学平衡移动方向的影响？

（3）根据 NO_2 和 N_2O_4 的平衡实验说明，升高温度时化学平衡常数 $K^\ominus$ 将如何变化，平衡将向什么方向移动？

实验六　醋酸离解常数的测定

一、实验目的

（1）学习用酸度计测定醋酸离解常数的原理和测定方法。

（2）进一步理解离解平衡的概念。

（3）了解用酸度计测定酸度的原理，学习酸度计的使用方法。

二、实验原理

醋酸在水溶液中存在下列离解平衡：

$$HAc \rightleftharpoons H^+ + Ac^-$$

其标准离解常数表达式为：

$$K_a^\ominus = \frac{c(H^+) \cdot c(Ac^-)}{c(HAc)}$$

设醋酸的原始浓度为 c_0，平衡时，$c(H^+)=c(Ac^-)=x$，则：

$$K_a^\ominus = \frac{x^2}{c_0 - x}$$

在一定温度下，用酸度计测定一系列已知浓度的醋酸溶液的 pH。根据 pH＝$-\lg[c(H^+)]$，可换算出相应的 $c(H^+)$。将 $c(H^+)$ 的不同值代入上式，可求出一系列对应的 K_a 值，取其平均值，即为该温度下醋酸的离解常数。

三、仪器和试剂

（1）仪器　酸度计，配套的指示电极是玻璃电极，参比电极是甘汞电极；烧杯（150 mL 1 只），酸式滴定管和碱式滴定管（50 mL 各 1 支），小烧杯（100 mL 5 只）。

（2）试剂　已知准确浓度的 HAc 溶液约 250 mL（0.1 mol/L，已由教师配制并测定出其准确浓度）。

四、实验步骤

1. 配制不同浓度的 HAc 溶液

将五只烘干的小烧杯，用酸式滴定管依次加入已知浓度的 HAc 溶液 48.00 mL、24.00 mL、12.00 mL、6.00 mL 和 3.00 mL，再从碱式滴定管中依次加入 0.00 mL、24.00 mL、36.00 mL、42.00 mL 和 45.00 mL 蒸馏水，并分别混合均匀。

2. 醋酸溶液 pH 值的测定

（1）酸度计的校准。按酸度计的操作规程，用邻苯二甲酸氢钾标准缓冲溶液校准酸度计（参看附录一：pHS-2C 型酸度计的原理及使用）。

（2）不同浓度 HAc 溶液的 pH 值的测定。用校准后的酸度计测定所配制的不同浓度 HAc 溶液的 pH 值，数据记录到表 3-6 中。

3. 计算醋酸溶液的离解常数 K_a

根据实验数据完成表 3-6 中的各步计算，求出室温下各浓度醋酸溶液的 K_a，并计算出其平均值。

由实验可知：在一定的温度条件下，HAc 的离解常数为固定值，与溶液的浓度无关。

表 3-6　醋酸离解常数的测定数据记录表　　　　室温 ______

烧杯编号	加入 HAc 的体积/mL	加入水的体积/mL	混合后 HAc 溶液的浓度/(mol/L)	pH	$c(H^+)$/mol/L	$c(Ac^-)$/mol/L	K_a
1	48.00	0.00					
2	24.00	24.00					
3	12.00	36.00					
4	6.00	42.00					
5	3.00	45.00					

五、思考题

（1）所测得的 HAc 离解常数是否与附录三给出的 K_a 有误差？试讨论怎样才能减少测定误差？

（2）怎样配制不同浓度的 HAc 溶液？

（3）怎样从测得的 HAc 溶液的 pH 计算出 K_a？

实验七　氢氧化钠标准滴定溶液的配制和标定

一、实验目的

（1）掌握氢氧化钠标准滴定溶液的制备和标定方法。

（2）正确判断酚酞指示剂的滴定终点。

二、仪器和试剂

（1）分析天平（200 g，感量 0.1 mg），表面皿（6 cm 或 9 cm），量筒（100 mL 或 250 mL），烧杯（400 mL），塑料试剂瓶（500 mL），碱式滴定管（50 mL）和称量瓶（25 mL）各一个，锥形瓶（250 mL 4 个）。

（2）氢氧化钠：分析纯。

（3）酚酞指示剂：10 g/L 的乙醇溶液。

（4）邻苯二甲酸氢钾：基准试剂。

三、实验步骤

1. 0.1 mol/L 氢氧化钠标准滴定溶液 300 mL 的配制

首先计算出所需氢氧化钠固体的质量 m，然后按固体试剂取用规则，在托盘天平上用表面皿称取氢氧化钠（不能用纸），倒入烧杯中加入少量蒸馏水，搅拌使其完全溶解，加入不含二氧化碳的水稀释至 300 mL，待溶液冷却后，转入的塑料试剂瓶中，贴上标签，备用。

2. 0.1 mol/L 氢氧化钠标准滴定溶液准确浓度的标定

用称量瓶称取 0.6～0.7 g（精确到 0.000 1 g）已于 105～110℃电热干燥箱中干燥至恒重的邻苯二甲酸氢钾工作基准试剂，置于 250 mL 锥形瓶中，加 50 mL 无二氧化碳的蒸馏水溶解，加 2 滴酚酞指示剂，用配制好的氢氧化钠溶液滴定至溶液呈粉红色，并保持 30 s 不褪色为终点，记下消耗的体积。平行标定 3 次。同时做空白实验。

请自行设计表格，记录实验数据及处理结果。

氢氧化钠标准滴定溶液的准确浓度 $c(NaOH)$（mol/L），按下式计算：

$$c(\mathrm{NaOH})=\frac{m_{\mathrm{KHP}}\times 1\,000}{(V_1-V_2)M_{\mathrm{KHP}}}$$

式中：m_{KHP} —— 邻苯二甲酸氢钾的质量，g；

V_1 —— 氢氧化钠溶液滴定的体积，mL；

V_2 —— 空白实验氢氧化钠溶液的体积，mL；

M_{KHP} —— 邻苯二甲酸氢钾的摩尔质量，g/mol，M_{KHP}＝204.22。

四、思考题

（1）怎样制备不含二氧化碳的纯水？

（2）氢氧化钠标准滴定溶液能否采用直接法制备？为什么？

（3）以邻苯二甲酸氢钾基准试剂标定氢氧化钠溶液，可否选用甲基橙作指示剂？为什么？

（4）本实验中标定氢氧化钠标准滴定溶液时，准确称取 0.6～0.7 g 邻苯二甲酸氢钾基准试剂的称量范围是如何确定的？

实验八　醋酸总酸度的测定

一、实验目的

（1）进一步熟练滴定管、容量瓶、移液管的使用方法和滴定操作技术。

（2）掌握强碱滴定弱酸的反应原理及指示剂的选择原理。

（3）练习食醋中总酸度的测定方法。

二、实验原理

食醋的主要成分是醋酸，此外还含有少量其他弱酸（如乳酸等）。用 NaOH 标准滴定溶液滴定，在化学计量点时溶液呈弱碱性，选用酚酞作指示剂。测得的是试样的总酸度，以醋酸的质量浓度（g/L）来表示。

三、仪器和试剂

参看实验七，由同学做好实验预习，提出仪器及试剂的领用计划。

四、实验步骤

（1）0.1 mol/L NaOH 标准滴定溶液的配制和标定　见实验七，配制和标定 0.1 mol/L NaOH 标准滴定溶液。

（2）食醋的测定　准确吸取食醋试样 10.00 mL 于 250 mL 容量瓶中，以新煮沸并冷却后的蒸馏水稀释至刻度，摇匀。用移液管吸取 25.00 mL 稀释过的食醋试样于 250 mL 锥形瓶中，加入 25 mL 新煮沸并冷却的蒸馏水，加酚酞指示剂 2～3 滴，用已标定的 NaOH 标准滴定溶液滴定至溶液呈现粉红色，并在 30 s 内不褪色，即为终点。根据 NaOH 溶液的用量，计算食醋的总酸度。平行测定 3 份，计算测定的平均偏差，求出平均值。

请自行设计表格，记录实验数据及处理结果。

五、实验提要

（1）食醋的总酸度较大，且其颜色较深，故应稀释后再测定。

（2）测定醋酸含量时，所用纯水不能含有二氧化碳，否则其溶于水生成的碳酸，将同时被滴定。

六、思考题

（1）强碱滴定弱酸与强碱滴定强酸相比，滴定过程中 pH 变化有哪些不同点？

（2）滴定醋酸时为什么要用酚酞作指示剂？能否选用甲基橙或甲基红？

实验九　离解平衡和沉淀—溶解平衡实验

一、实验目的

（1）加深理解同离子效应、盐类的水解作用及影响盐类水解的主要因素。

（2）试验缓冲溶液的缓冲作用。

（3）复习酸度计（pH 计）的使用方法。

（4）加深理解沉淀—溶解平衡，沉淀生成和溶解的条件，了解分步沉淀及沉淀的转化。

二、实验原理

（一）离解平衡

弱电解质在水溶液中都发生离解，离解出来的离子与未离解的分子处于平衡状态。例如弱酸 HAc，其标准离解平衡常数表达式为：

$$HAc \rightleftharpoons H^+ + Ac^- \qquad K_a^{\ominus} = \frac{c(H^+)\cdot c(Ac^-)}{c(HAc)}$$

若在此平衡系统中加入含有相同离子的强电解质，就会使电离平衡向左移动，从而使 HAc 电离程度降低，这种作用称为同离子效应。

盐类（除了强酸和强碱所生成的盐外）在水溶液中都会发生水解。盐类水解程度的大小主要与盐类的本性有关，此外还受温度、浓度和酸度的影响。盐类的水解过程是吸热过程，升高温度可促进水解；加水稀释溶液，也有利于增进水解；如果水解产物中有沉淀或气体产生，则水解程度更大，例如 $BiCl_3$ 的水解：

$$BiCl_3 + H_2O \rightleftharpoons BiOCl\downarrow + 2HCl$$

在盐类溶液中加入酸或碱，则有抑制水解或促进水解的作用。上例中如加入盐酸，可抑制 $BiCl_3$ 的水解，平衡向左移动，使沉淀消失；如加碱则促进水解。

弱酸（或弱碱）与其相应盐组成的混合溶液，具有抵抗外来的少量酸、碱或稀释的影响，而使溶液的 pH 基本不变，这种溶液称为缓冲溶液。

（二）沉淀—溶解平衡

在一定温度下，难溶电解质的饱和溶液中，难溶电解质离子浓度以离子系数为幂的乘积是一个常数，称为溶度积常数，简称溶度积。例如在 PbI_2 饱和溶液中，有如下平衡：

$$PbI_2(s) \rightleftharpoons Pb^{2+} + 2I^-$$

其溶度积常数 $K_{sp}^{\ominus}$ 的表达式为：

$$K_{sp}^{\ominus}(PbI_2) = \left[c\left(Pb^{2+}\right)\right]\left[c\left(I^-\right)\right]^2$$

将任意状况下离子浓度的幂的乘积（离子积）与溶度积比较，则可以判断沉淀的生成或溶解，称为溶度积规则。在已生成沉淀的系统中，加入某种能降低离子浓度的试剂，使溶液中离子积小于溶度积时，就可使沉淀溶解，此外盐效应也可使难溶电解质的溶解度有所增大。

如果溶液中同时存在数种离子，它们都能与同一种试剂（沉淀剂）作用产生沉淀，当溶液中逐渐加入此沉淀剂时，某种难溶电解质的离子浓度的幂的乘积先达到它们的溶度积，就先沉淀出来，后达到它们溶度积的就后产生沉淀，这种先后沉淀的次序称为分步沉淀。

将一种沉淀转化为另一种沉淀的过程，称为沉淀的转化。对于相同类型难溶电解质之间的转化的难易，可以通过比较它们溶度积的大小来判别。

三、仪器和试剂

仪器：酸度计，台秤，试管。

试剂：

（1）市售：NH_4Ac，NaCl，NH_4Cl，NaAc，$BiCl_3$，$NaNO_3$，$Fe(NO_3)_3 \cdot 9H_2O$。

（2）溶液：HCl（0.1 mol/L、2 mol/L、6 mol/L），HNO_3（2 mol/L），HAc（0.1 mol/L），$NH_3 \cdot H_2O$（0.1 mol/L、2 mol/L），NaOH（0.1 mol/L、2 mol/L），$AgNO_3$（0.1 mol/L），K_2CrO_4（0.1 mol/L），KI（0.001 mol/L、0.1 mol/L），$MgCl_2$（0.1 mol/L），$Pb(NO_3)_2$（0.001 mol/L、0.1 mol/L），NH_4Cl（1 mol/L），$ZnCl_2$（0.1 mol/L），Na_2S（0.1 mol/L），NaF（0.1 mol/L），NaAc（0.1 mol/L），$CaCl_2$（0.1 mol/L、0.5 mol/L），Na_2SO_4（0.5 mol/L），Na_2CO_3（饱和），$PbCl_2$（饱和），NaCl（饱和），$(NH_4)_2C_2O_4$（饱和）。

（3）其他：酚酞指示剂，甲基橙指示剂，pH 试纸。

四、实验步骤

（一）电离平衡

1．弱电解质的同离子效应

（1）在两支试管中各加入 0.1 mol/L HAc 溶液 2 mL，再分别加入 1 滴甲基橙指示剂，然后在一支试管中，加少量固体 NH_4Ac，振荡使其溶解，观察溶液颜色变化。与另一支试管进行比较，并解释之。

（2）参照上述步骤，自行设计简单实验，证实弱碱溶液中的同离子效应。

2．盐类水解

（1）盐类溶液的 pH ① 配制 100 mL 0.1 mol/L 的 NaCl、NaAc、NH_4Cl、NH_4Ac 溶液，用 pH 试纸和酸度计测定其 pH，同时也测出蒸馏水的 pH，与自己计算的上述各溶液的 pH 值同时填入表 3-7；② 在两支试管中各加入 3 mL 蒸馏水，然后分别加入少量固体 $Fe(NO_3)_3 \cdot 9H_2O$ 及 $BiCl_3$（只需绿豆大小），振荡，观察现象，用 pH 试纸分别测定其 pH，并解释。保留 NaAc、$Fe(NO_3)_3$、$BiCl_3$ 三支试管中的试液。

表 3-7　盐类水解的 pH 值

溶液		NaCl(0.1 mol/L)	NaAc(0.1 mol/L)	NH_4Cl(0.1 mol/L)	NH_4Ac(0.1 mol/L)	蒸馏水
pH 计算值						
测定值	pH 试纸					
	pH 计					

（2）取上面制得的 NaAc 溶液，加 1 滴酚酞指示剂，加热，观察溶液颜色变化，并解释之。

（3）将（1）制得的 $Fe(NO_3)_3$ 溶液分成 3 份，第一份留作比较用；第二份中加入 2 mol/L HNO_3 1～2 滴，观察溶液颜色变化；第三份用小火加热，观察颜色的变化，解释上述现象。

（4）在（1）②制得的含 BiOCl 白色混浊物的试管中逐滴加入 6 mol/L HCl，并剧烈振荡，至溶液澄清（注意 HCl 不要太过量），再加水稀释，有何现象？并解释。由此了解实验室应如何配制 $BiCl_3$、$SnCl_2$ 等易水解盐类的溶液。

3．缓冲溶液的缓冲作用

在 100 mL 烧杯中加入 0.1 mol/L HAc 和 0.1 mol/L NaAc 溶液各 25 mL，搅拌均匀，在 pH 计上测定其 pH。加入蒸馏水至 50 mL，冲稀一倍，搅匀后再测定其 pH，然后将此溶液分为两等份，一份加入 0.1 mol/L HCl 溶液 0.5 mL，搅匀，用 pH 计测定其 pH；另一份加入 0.1 mol/L NaOH 溶液 1 mL，搅匀，再用 pH 计测定其 pH，结果填入表 3-8 并与计算值比较。

表 3-8　缓冲溶液的 pH 值变化

溶液编号	pH 计算值	pH 测定值
（A）25 mL 0.1 mol/L HAc 和 25 mL 0.1mol/L NaAc 混合溶液		
（B）将（A）冲稀一倍		
（C）在（B）中加入 0.5 mL 0.1mol/L HCl 溶液		
（D）在（B）中加入 1 mL 0.1mol/L NaOH 溶液		

（二）沉淀一溶解平衡

1．沉淀的生成

（1）在两支试管中各盛蒸馏水 1 mL，分别加入 1 滴 0.1 mol/L $AgNO_3$ 溶液和 0.1 mol/L $Pb(NO_3)_2$ 溶液，摇匀，然后各加入 0.1 mol/L K_2CrO_4 溶液 1 滴，振荡，观察并记录现象，写出离子反应方程式。

（2）取 0.1 mol/L $Pb(NO_3)_2$ 溶液 5 滴，加入 0.1mol/L KI 溶液 10 滴，观察并记录现象，写出离子反应方程式。

另取 0.001 mol/L $Pb(NO_3)_2$ 溶液 5 滴，加入 0.001 mol/L KI 溶液 10 滴，观察并记录现象，解释之。

（3）在试管中加入 1 mL 饱和 $PbCl_2$ 溶液，逐滴加入饱和 NaCl 溶液，观察现象，并解释。

2．沉淀的溶解

（1）取 0.1 mol/L $MgCl_2$ 溶液 10 滴，加入 2 mol/L 氨水 5～6 滴，观察现象，然后再逐滴加入 1 mol/L NH_4Cl，观察现象，解释并写出有关反应方程式。

（2）在试管中加入饱和$(NH_4)_2C_2O_4$溶液 5 滴和 0.1 mol/L $CaCl_2$ 溶液 5 滴，观察现象，然后逐滴加入 2 mol/L HCl 溶液，振荡，观察现象，解释并写出有关反应方程式。

（3）试管中盛 2 mL 蒸馏水，加入 0.1 mol/L $Pb(NO_3)_2$ 溶液 1 滴和 0.1 mol/L KI 溶液 2 滴，振荡试管，观察沉淀的颜色和形状，然后再加少量固体 $NaNO_3$，振荡，观察现象，并解释。

（4）取 1 mL 0.1 mol/L $ZnCl_2$ 溶液 10 滴，逐滴加入 2 mol/L NaOH 溶液，观察现象的变化，解释现象并写出反应方程式。

3．分步沉淀

（1）在试管中加入 0.1 mol/L $AgNO_3$ 2 滴、0.1 mol/L $Pb(NO_3)_2$ 溶液 1 滴，用 5 mL 水稀释，摇匀，逐滴加入 0.1 mol/L KI，振荡，观察沉淀的颜色和形状。根据沉淀颜色的变化和溶度积规则，判断哪一种难溶物质先沉淀。

（2）在试管中加入 0.1 mol/L Na_2S 溶液 2 滴和 0.1 mol/L NaF 溶液 2 滴，稀释至 4 mL，加入 0.1 mol/L $Pb(NO_3)_2$ 溶液 2～3 滴，振荡试管，观察沉淀的颜色，待沉淀沉降后，再向清液中逐滴加入 0.1 mol/L $Pb(NO_3)_2$ 溶液（不要振荡试管，以免黑色沉淀泛起），观察沉淀的颜色。

应用溶度积数据和溶度积规则说明上述现象。

4．沉淀的转化

在两支试管中各加入 0.5 mol/L $CaCl_2$ 溶液 10 滴和 0.5 mol/L Na_2SO_4 溶液 10 滴，剧烈振荡（或搅拌）以生成沉淀，离心分离，弃去清液，在一支含有沉淀的试管中加入 2 mol/L HCl 溶液 10 滴，观察沉淀是否溶解；在另一支试管中加入 1 mL 饱和 Na_2CO_3 溶液，振荡 2～3 min，使沉淀转化，离心分离，弃去清液，沉淀用蒸馏水洗涤 1～2 次，然后在沉淀中加入 2 mol/L HCl 溶液 10 滴，观察现象，写出有关反应方程式。

五、思考题

（1）什么是离解平衡和沉淀—溶解平衡中的同离子效应？如何用实验证明弱碱溶液中的同离子效应？写出实验步骤。

（2）哪些类型的盐会发生水解？NaAc 和 NH_4Cl 溶液的 pH 如何计算？影响盐类水解的因素有哪些？本实验中如何促进或抑制盐类的水解？

（3）什么叫缓冲溶液？如何计算缓冲溶液的 pH？

（4）什么是溶度积规则？本实验中使沉淀溶解的方法有哪些？

实验十　氯化物中氯的测定——莫尔法

一、实验目的

（1）学习 $AgNO_3$ 标准滴定溶液的配制和方法。

（2）掌握沉淀滴定法中以 K_2CrO_4 为指示剂测定氯元素的方法原理。

二、实验原理

某些可溶性氯化物中氯元素的含量常采用莫尔法来测定。该法是在中性或弱碱性溶液中，以 K_2CrO_4 为指示剂，用 $AgNO_3$ 标准滴定溶液进行滴定。由于 AgCl 的溶解度比 Ag_2CrO_4 的小，因此溶液中首先析出 AgCl 沉淀，当 AgCl 定量沉淀后，过量 1 滴 $AgNO_3$ 溶液即与 K_2CrO_4 生成砖红色 Ag_2CrO_4 沉淀，指示滴定到达终点。主要反应式如下：

$$Ag^+ + Cl^- \rightleftharpoons AgCl\downarrow \text{（白色）} \qquad K_{sp} = 1.8\times10^{-10}$$

$$2Ag^+ + CrO_4^{2-} \rightleftharpoons Ag_2CrO_4\downarrow \text{（砖红色）} \qquad K_{sp} = 2.0\times10^{-12}$$

滴定必须在中性或碱性溶液中进行，最适宜 pH 为 6.5～10.5。如有铵盐存在，溶液的 pH 值最好控制在 6.5～7.2。

指示剂的用量对滴定有影响，一般以 5×10^{-3} mol/L 为宜。凡是能与 Ag^+生成难溶性化合物或配合物的阴离子都干扰测定，如 PO_4^{3-}、AsO_4^{3-}、AsO_3^{3-}、S^{2-}、SO_3^{2-}、CO_3^{2-}、$C_2O_4^{2-}$等。其中 H_2S 可加热煮沸除去，将 SO_3^{2-}氧化成 SO_4^{2-}后不干扰测定。大量的 Cu^{2+}、Ni^{2+}、Co^{2+}等有色离子将影响滴定终点的观察。凡是能与 CrO_4^{2-}指示剂生成难溶化合物的阳离子也干扰测定，如 Ba^{2+}、Pb^{2+}能与 CrO_4^{2-}分别生成 $BaCrO_4$ 和 $PbCrO_4$ 沉淀，其中 Ba^{2+}的干扰可通过加入过量 Na_2SO_4 消除。

三、试剂

（1）NaCl 基准试剂：在 500～600℃灼烧半小时后，放置于干燥器中冷却。

（2）$AgNO_3$ 溶液（0.1 mol/L、500 mL）：溶解 8.5 g $AgNO_3$ 于 500 mL 不含 Cl^- 的蒸馏水中，将溶液转入棕色试剂瓶中，置暗处保存，以防见光分解。

（3）K_2CrO_4 溶液：50 g/L 水溶液，30 mL。

四、实验步骤

1．0.1 mol/L $AgNO_3$标准滴定溶液的标定

准确称取 1.4～1.6 g（精确至±0.000 1 g）NaCl 基准试剂置于小烧杯中，用蒸馏水溶解后，定量转入 250 mL 容量瓶中，用水稀释至刻度，摇匀。

准确移取 25.00 mL 上述 NaCl 溶液于 250 mL 锥形瓶中，加入 25 mL 水、50 g/L K_2CrO_4溶液 1 mL，在不断摇动下，用 $AgNO_3$溶液滴定至呈现砖红色即为终点。

根据 NaCl 标准溶液的浓度和滴定中所消耗的 $AgNO_3$溶液毫升数，计算 $AgNO_3$标准滴定溶液的浓度（mol/L）。

2．试样分析

准确称取 1.9～2.0 g 氯化钠试样置于烧杯中，加水溶解后，定量转移至 250 mL 容量瓶中，用水稀释至刻度，摇匀。

移取 25.00 mL 氯化钠试液于 250 mL 锥形瓶中，加入 25 mL 水、50 g/L K_2CrO_4溶液 1 mL，在不断摇动下，用 $AgNO_3$标准滴定溶液滴定至呈现砖红色即为终点。平行测定 3 次，并带做空白实验。

根据试样的质量和滴定中消耗的 $AgNO_3$ 标准滴定溶液的毫升数，计算试样中氯元素的质量分数。

五、思考题

（1）莫尔法测定 Cl^-时，为什么溶液的 pH 应控制在 6.5～10.5？

（2）以 K_2CrO_4 作指示剂时，其浓度太大或太小对测定有何影响？

实验十一　硫酸钡重量法测定氯化钡中钡的含量

一、实验目的

（1）掌握沉淀重量法测定钡含量的基本原理。

（2）学会沉淀、过滤、洗涤、灼烧及恒重等重量分析基本操作技术。

（3）加深对晶形沉淀理论及沉淀条件的理解。

二、方法原理

硫酸钡重量法测定氯化钡中钡的含量是利用如下沉淀反应：

$$Ba^{2+} + SO_4^{2-} = BaSO_4\downarrow$$

所得沉淀经陈化、过滤、洗涤、烘干、炭化、灰化、灼烧至恒重，以 $BaSO_4$形

式称重，即可求得氯化钡中钡的含量。

$BaSO_4$ 是典型的晶形沉淀，初生成的沉淀是颗粒细小的晶体，在过滤时易穿过滤纸进入溶液，造成损失。因此，要求得到颗粒较粗大而又纯净的 $BaSO_4$ 晶体，在沉淀 $BaSO_4$ 时，应特别注意选择有利于形成颗粒粗大晶体的沉淀条件。实验中，选择用稀盐酸酸化，并加热近沸，在不断搅动下，缓慢地加入热的稀 H_2SO_4 溶液，形成微溶于水的 $BaSO_4$ 沉淀，然后让所得沉淀通过静置、陈化等操作技术使晶体粗大。

Ba^{2+}可生成一系列微溶化合物，如 $BaCO_3$、BaC_2O_4、$BaCrO_4$、$BaHPO_4$、$BaSO_4$ 等，其中 $BaSO_4$ 的溶解度最小。在 100℃时，100 mL 溶液溶解 0.4 mg $BaSO_4$，25℃时仅溶解 0.25 mg $BaSO_4$。在有过量沉淀剂 SO_4^{2-}存在时，$BaSO_4$ 的溶解度大为减小，其溶解量可以忽略不计。

一般控制在 0.05 mol/L 左右盐酸介质中进行沉淀，可防止产生 $BaCO_3$、$BaHPO_4$、$Ba(OH)_2$ 等的共沉淀。同时适当提高酸度，增加 $BaSO_4$ 的溶解度，以降低其相对过饱和度，有利于获得较粗大的晶形沉淀。

用 $BaSO_4$ 重量法测定 Ba^{2+}时，一般用稀 H_2SO_4 作沉淀剂。为使 $BaSO_4$ 沉淀完全，H_2SO_4 必须过量。由于 H_2SO_4 在高温下可挥发除去，沉淀带来的 H_2SO_4 不致引起误差，因此沉淀剂可过量 50%～100%。

硫酸铅和硫酸锶的溶解度都很小，所以 Pb^{2+}、Sr^{2+}的存在对钡测定有干扰。

三、试剂

HCl 溶液（2 mol/L），H_2SO_4 溶液（1 mol/L），$AgNO_3$ 溶液（0.1 mol/L）。

四、实验步骤

1. 瓷坩埚的准备

洗净瓷坩埚，烘干，然后在 800～850℃下灼烧。第一次灼烧 30～45 min，取出稍冷片刻，转入干燥器中冷至室温后称量。第二次灼烧 15～20 min，取出稍冷，转入干燥器中冷至室温后，再称量。如此操作直至瓷坩埚恒重为止。

2. 分析步骤

准确称取 0.4～0.6 g $BaCl_2 \cdot 2H_2O$ 试样 3 份，分别置于 250 mL 烧杯中，加水约 70 mL，加 2～3 mL 2 mol/L HCl，盖上表面皿，加热近沸，但勿使溶液沸腾，以防溅失。与此同时，另取 30 mL 1 mol/L H_2SO_4 溶液 3 份，置于小烧杯中，加热近沸，然后将热沸的 H_2SO_4 溶液缓慢地加入热的钡盐溶液中，并用玻璃棒不断搅拌。

待沉淀沉下后，在上层清液中加入 1～2 滴 1 mol/L H_2SO_4，仔细观察沉淀是否完全，如已沉淀完全，盖上表面皿，将玻璃棒靠在烧杯嘴边（切勿将玻璃棒拿出杯外，以免损失沉淀），置于水浴或沙浴上加热，陈化 0.5～1 h（或在室温下放置过夜）。溶液冷却后，用慢速定量滤纸以倾注法过滤，再以稀 H_2SO_4 洗涤液（2～

4 mL 1 mol/L H_2SO_4 稀释至 200 mL）洗涤沉淀 3～4 次，每次用量约 10 mL，均用倾注法过滤。然后将沉淀小心地转移至滤纸上，并用一小片滤纸擦净杯壁。将滤纸片放在漏斗内的滤纸上，再用水洗涤沉淀至无氯离子为止（用 $AgNO_3$ 溶液检查）。将沉淀和滤纸置于已恒重的瓷坩埚中，灰化后，在 800～850℃灼烧至恒重。最后计算试样中钡的质量分数。

五、思考题

（1）为什么要在稀 HCl 介质中沉淀硫酸钡？

（2）为什么沉淀硫酸钡要在热溶液中进行而在冷却后过滤？沉淀后为什么要陈化？

（3）什么叫恒重？什么叫倾注法过滤？

实验十二　氧化还原与电化学实验

一、实验目的

（1）学会用电极电势判断氧化还原反应方向。

（2）了解影响氧化还原反应的因素。

（3）掌握电解池和原电池的组成和电极反应。

二、实验原理

氧化还原反应本质就是在反应过程中氧化剂和还原剂之间发生了电子的转移：氧化剂在反应中得到电子，其本身被还原；还原剂在反应中失去电子，其本身被氧化。氧化剂和还原剂得失电子能力的大小可用它们的氧化态物质、还原态物质所组成电对的电极电势值的相对高低来衡量。一个电对的电极电势代数值越大，其氧化态物质的氧化能力越强，还原态物质的还原能力就越弱，反之亦然。

对于一个可逆的氧化还原电对，如用 Ox 代表其氧化态物质，用 Red 代表其还原态物质，则氧化还原半反应可写为：

$$\mathrm{Ox} + ne \rightleftharpoons \mathrm{Red}$$

在 25℃时，电对的电极电势可用能斯特（Nernst）方程式表示为：

$$\varphi = \varphi^{\ominus}_{\mathrm{Ox/Red}} + \frac{0.059}{n}\lg\frac{c(\mathrm{Ox})}{c(\mathrm{Red})}$$

式中：$\varphi^{\ominus}$ —— 电对的标准电极电势；

$c(\mathrm{Ox})$，$c(\mathrm{Red})$ —— 氧化态物质和还原态物质的平衡浓度；

n —— 反应中 1 mol 物质的电子转移数。

由能斯特方程式可知，氧化态物质的浓度越大或还原态物质的浓度越小，电对的电极电势就越高，因此影响溶液中物质浓度的因素（如形成配位化合物和沉淀）将影响电对的电极电势，从而影响氧化还原反应。影响电对电极电势的一般规律是：如果氧化态物质生成配合物或沉淀，则电对的电极电势将降低；如果还原态物质生成配合物或沉淀，则电对的电极电势将增大；当氧化态和还原态物质都能形成配合物时，若氧化态物质形成的配合物更稳定，则电对的电极电势降低。

另外，若有 H^+或 OH^-直接参加氧化还原半反应，或物质的氧化态物质或还原态物质是弱酸碱时，酸度对电对的电极电势影响较大。例如：

$$MnO_4^- + 8H^+ + 5e^- \rightleftharpoons Mn^{2+} + 4H_2O$$

$$\varphi = \varphi^{\ominus}_{MnO_4^-/Mn^{2+}} + \frac{0.059}{5}\lg\frac{c(MnO_4^-)\cdot c(H^+)^8}{c(Mn^{2+})}$$

增加酸度，该电对的电极电势增大，MnO_4^-的氧化能力增强。

利用两个电对的电极电势相对大小可以判断氧化还原反应进行的方向：

$$\text{强氧化态 } Ox_1 + \text{强还原态 } Red_2 \longrightarrow \text{弱还原型 } Red_1 + \text{弱氧化型 } Ox_2$$

氧化还原反应进行的程度可用它的平衡常数 K 值来衡量，而 K 值可以从有关电对的标准电极电势值求得。例如：

$$n_2Ox_1 + n_1Red_2 \rightleftharpoons n_2Red_1 + n_1Ox_2$$

其平衡常数的表达方式为：

$$\lg K = \lg\frac{[c(Red_1)]^{n_2}[c(Ox_2)]^{n_1}}{[c(Ox_1)]^{n_2}[c(Red_2)]^{n_1}} = \frac{n(\varphi^{\ominus}_{Ox_1/Red_1} - \varphi^{\ominus}_{Ox_2/Red_2})}{0.059}$$

式中：*n* —— 两电对电子得失数的最小公倍数，即氧化还原反应中的电子转移数。

氧化还原反应的反应速率与氧化还原反应电动势的大小无关。氧化还原反应是电子的转移反应，历程比较复杂，若要深入了解反应速率问题，就必须了解反应历程，这属于动力学问题，而且许多反应速率至今还没有固定的解释。因此，这里不加讨论，只对如何加快反应速率做一些介绍，以供实验中参考。

一般来讲，影响氧化还原反应速率的因素有以下几个。

（1）反应物浓度。增加反应物浓度都能加快反应速率，对于有 H^+参加的反应，提高酸度也能加速反应。

（2）反应温度。通常溶液温度每增加 10℃，反应速率可增加 2～4 倍。

（3）催化剂。使用催化剂能显著提高反应速度。

利用氧化还原反应产生电流的装置叫原电池。例如，把 Zn 片作为电极插入 $ZnSO_4$ 溶液中，把 Cu 片作为电极插入 $CuSO_4$ 溶液中，两者用一个半透性隔膜（如盐桥）隔开，即构成 Cu-Zn 原电池，如图 3-1a 所示。当用导线将两个电极接通时，在两极上将进行如下反应：

锌极（氧化作用）：$Zn \longrightarrow Zn^{2+} + 2e^-$

铜极（还原作用）：$Cu^{2+} + 2e^- \longrightarrow Cu$

在 Zn 极上 Zn 原子放出电子变成 Zn^{2+}进入溶液，Zn 电极上积累的电子通过导线流到 Cu 电极上，使 Cu^{2+}在 Cu 电极上接受电子而析出金属 Cu。电子在导线上的流动方向是从 Zn 电极流向 Cu 电极。在物理学中规定电流流动的方向是电子流动的反方向，所以电流在导线上是从 Cu 电极流向 Zn 电极。电流是从电势高的地方流向电势低的地方，或从正极到负极，所以 Cu 电极是正极，Zn 电极是负极。如果在导线上接上电位差计，就能测出电池的电动势：

$$E = \varphi(+) - \varphi(-) \;=\!=\!=\; \varphi_{Cu^{2+}/Cu} - \varphi_{Zn^{2+}/Zn}$$

上述电池可简写为（–）Zn $|$ $ZnSO_4$（溶液）$|$ $CuSO_4$（溶液）$|$ Cu（+）。

电解池是一种在直流电作用下，使电解质发生氧化还原反应，将电能转变为化学能的装置（图 3-1b）。在电解池中，与外接电源正极相连的电极称为阳极，与外接电源负极相连的电极称为阴极。电解时电极电势的高低，离子浓度的大小，电极材料等因素都可以影响两极上的电解产物。

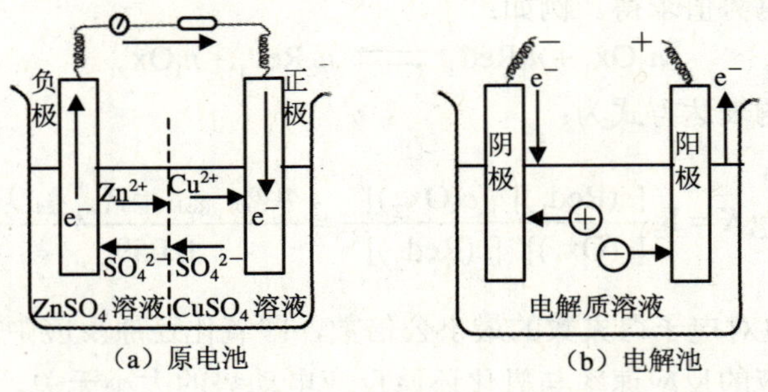

图 3-1 原电池和电解池

三、仪器和试剂

（1）仪器　数字万用表，盐桥，导线，烧杯（50 mL），试管，表面皿。

（2）试剂　H_2SO_4（3 mol/L、0.1 mol/L），HAc（6 mol/L），$H_2C_2O_4$（2 mol/L），NaOH（6 mol/L），KI（0.1 mol/L），KBr（0.1 mol/L），$FeCl_3$（0.1 mol/L），$FeSO_4$（0.1 mol/L），$KMnO_4$（0.01 mol/L），$MnSO_4$（0.2 mol/L），Na_2SO_3（0.1 mol/L），NH_4F（100 g/L），$ZnSO_4$（1 mol/L），$CuSO_4$（1 mol/L、0.1 mol/L），CCl_4，浓硝酸，HNO_3（2 mol/L、0.2 mol/L），浓氨水，碘水，溴水，锌粒（纯），锌片，铜片，淀粉（10 g/L），酚酞（10 g/L），酚酞试纸。

四、实验内容

（一）电极电势与氧化还原反应的关系

（1）在两支小试管中分别加入 5 滴 0.1 mol/L KI 和 5 滴 0.1 mol/L KBr 溶液，然后再分别加入 2 滴 0.1 mol/L $FeCl_3$ 溶液，摇匀后各加入 5 滴 CCl_4，充分振荡，观察 CCl_4 层颜色的变化，写出化学反应方程式。

（2）设计实验：用碘水、溴水分别与 0.1 mol/L $FeSO_4$ 反应，加入 CCl_4，写出实验步骤、现象和化学反应式。根据上面的实验结果，定性比较 I_2/I^-、Br_2/Br^-、Fe^{3+}/Fe^{2+} 三个电对的电极电势的相对大小，说明电极电势与氧化还原反应方向的关系。

（二）影响氧化还原产物的因素

1．浓度

在三支各盛一粒锌的试管中，分别加入少量的浓硝酸、2 mol/L 硝酸和 0.2 mol/L 硝酸，观察反应中有无气体产生，反应速度有何不同。

第三支试管的反应液用气室法检验是否有 NH_4^+存在：取 5 滴被检液置于一表面皿的中心，再加 3 滴 6 mol/L NaOH 溶液，搅匀；在另一稍小些的表面皿中心黏附一条湿润的酚酞试纸，把它盖在盛试液的表面皿上制成气室，将此气室放在水浴上微热 2 min。若酚酞试纸变红，表示有 NH_4^+存在。

2．酸度

在三支小试管中分别加入 2 滴 0.1 mol/L $KMnO_4$ 溶液，第一支试管中加入 2 滴 3 mol/L 硫酸，第二支试管中加入 2 滴蒸馏水，第三支试管中加入 3 滴 6 mol/L NaOH。然后在这三支试管中各加入 8 滴 0.1 mol/L Na_2SO_3，观察溶液的颜色和产物有何不同，写出化学反应方程式。

（三）影响氧化还原反应速率的因素

1．酸度

在两支盛有 0.5 mL 0.1mol/L KBr 溶液的试管中，分别加入 0.5 mL 3 mol/L H_2SO_4 和 0.5 mL 6 mol/L HAc，然后再分别加入 2 滴 0.01 mol/L $KMnO_4$ 溶液，观察并比较两支试管中紫红色消失的快慢，写出化学反应式并加以解释。

2．催化剂

取三支试管，各加入 1 mL 2 mol/L $H_2C_2O_4$ 溶液和数滴 3 mol/L H_2SO_4，然后往第一支试管中加入 2 滴 0.2 mol/L $MnSO_4$ 溶液，往第二支试管中加入 2 滴 100 g/L NH_4F 溶液，最后在这三支试管中各加入 2 滴 0.01 mol/L $KMnO_4$ 溶液，摇匀，观察三支试管中紫红色褪去的快慢情况，必要时可同时在水浴中加热。写出化学反应式并加以解释。

（四）电解 KI 溶液

如图 3-2 所示，在一个 50 mL 烧杯中加入 20 mL 1 mol/L $ZnSO_4$溶液，插入锌片电极；在另一个 50 mL 烧杯中加入 20 mL 1 mol/L $CuSO_4$溶液，插入铜片电极，用盐桥将两只烧杯连接，组成原电池。再将同样的两只原电池串联，将原电池组的锌电极导线和铜电极导线(铜电极导线端应有焊锡)插入装有 10 mL 1 mol/L KI、1 mL 10 g/L 淀粉和 2 滴 10 g/L 酚酞的混合溶液中，1～2 min 后，观察两电极附近溶液的颜色变化，写出两电极反应并加以解释。本项实验两人合作，每人准备一个原电池。

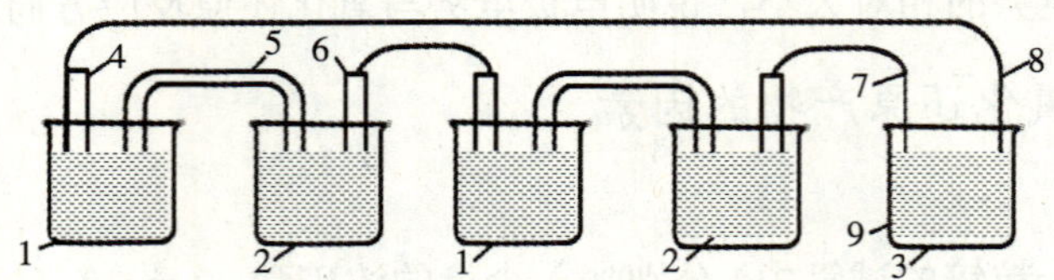

1—1mol/L $ZnSO_4$；2—1mol/L $CuSO_4$；3—KI、淀粉、酚酞；
4—锌片；5—盐桥；6—铜片；7—阳极；8—阴极；9—焊锡

图 3-2　Zn-Cu 原电池和电解池

（1）把实验用的原电池组分开，每人取一个原电池，将锌极与铜极导线分别与数字万用表的负极和正极相接，测量电动势。然后把 $CuSO_4$ 溶液的 3/4 倒回原瓶，在剩余的 $CuSO_4$ 溶液中加入浓氨水至生成的沉淀溶解，测量两电极间的电动势。

比较两次测量结果并加以解释。如果把 $ZnSO_4$ 溶液的 3/4 倒回原瓶，在剩余的 $ZnSO_4$ 溶液中加入浓氨水至生成的沉淀溶解，所测量的两电极间的电动势将会怎样？

（2）在试管中加入 2 mL 0.1 mol/L H_2SO_4 溶液，投入一小粒纯锌，观察有何现象。加入 5 滴 0.1 mol/L $CuSO_4$ 溶液，振荡，又有何变化？写出化学反应式并加以解释。

（3）在试管中加入 2 mL 0.1 mol/L H_2SO_4 溶液，投入一小粒纯锌，把一根铜丝插入溶液中与锌粒表面接触，观察接触前后的变化，解释原因。

五、思考题

（1）在本实验内容（三）的第 2 部分中，什么作为催化剂？加入的 NH_4F 起什么作用？

（2）在电解 KI 溶液的实验中，哪个是原电池的正、负电极和电解池的阴、阳极？写出各电极反应式并说明反应类型。

（3）氧化还原反应的电动势越大，是否反应就进行得越快？

（4）已知 $\varphi^{\ominus}_{Cu^{2+}/Cu} = 0.17\ V$ ， $\varphi^{\ominus}_{I_2/I^-} = 0.54\ V$ ，则反应：

$$2Cu^{2+} + 4I^- = 2CuI\downarrow + I_2$$

能否进行？为什么？计算当溶液中 Cu^{2+}和 KI 的浓度均为 1.0 mol/L 时，Cu^{2+}/Cu^+电对的电极电势。

实验十三　双氧水中 H_2O_2 含量的测定——高锰酸钾法

一、实验目的

（1）掌握高锰酸钾标准溶液的配制及标定方法。

（2）了解“自身”指示剂在高锰酸钾法中的应用。

（3）学会高锰酸钾法测定 H_2O_2 含量的方法。

二、实验原理

H_2O_2 是医药、卫生行业广泛使用的消毒剂，在酸性溶液中能被 $KMnO_4$ 定量氧化而生成氧气和水，其反应式如下：

$$5H_2O_2 + 2MnO_4^- + 6H^+ = 2Mn^{2+} + 8H_2O + 5O_2\uparrow$$

开始时反应速度较慢，滴入的 $KMnO_4$ 溶液褪色缓慢，待 Mn^{2+}生成之后，由于 Mn^{2+}的催化作用，加快了反应速率，故能顺利地进行滴定。当溶液呈现稳定的微红色即达到滴定终点。根据 $KMnO_4$ 标准滴定溶液的消耗量，可计算试样中 H_2O_2 的含量。

三、仪器和试剂

（1）仪器　台称（0.1 g），分析天平（0.1 mg），试剂瓶（棕色、500 mL 1 个），酸式滴定管（50 mL 1 支），锥形瓶（250 mL 3 个），移液管（10.00 mL、25 mL 各 1 支），容量瓶（250 mL 1 个）。

（2）试剂　H_2SO_4（2 mol/L），$KMnO_4$（固、A.R.），$Na_2C_2O_4$（固、A.R.），双氧水试样（工业）。

四、实验步骤

1．0.02 mol/L $KMnO_4$ 标准滴定溶液的配制

称取 1.7 g 左右的 $KMnO_4$ 放入烧杯中，加水 500 mL，使其溶解后，转入 500 mL

棕色试剂瓶中，放置 7～10 天后，用玻璃砂芯漏斗过滤，将滤液倒回洗净的棕色试剂瓶中，待标定。

2．$KMnO_4$ 标准滴定溶液的标定

准确称取 0.15～0.20 g 预先干燥过的 $Na_2C_2O_4$ 试剂 3 份，分别置于 250 mL 锥形瓶中，加水约 40 mL 使之溶解。再加 15 mL 2 mol/L 的 H_2SO_4 溶液，并加热至 70～85℃，趁热用待标定的 $KMnO_4$ 标准滴定溶液滴定。开始时，滴定速度宜慢，并不断摇动溶液。溶液中有 Mn^{2+} 产生后，滴定速度可适当加快，近终点时，紫红色退去很慢，应减慢滴定速度。当溶液呈现微红色并在 30 s 内不褪色，即为终点。滴定过程要保持温度不低于 60℃。

根据滴定所消耗的 $KMnO_4$ 溶液体积和 $Na_2C_2O_4$ 试剂的称取质量计算 $KMnO_4$ 标准滴定溶液的浓度。

3．试样中 H_2O_2 的测定

用移液管移取市售过氧化氢试样（质量分数约 30%）1.00 mL，置于 250 mL 容量瓶中，加水稀释至标线，充分混合均匀。再吸取稀释液 25.00 mL 3 份，分别置于 3 个 250 mL 锥形瓶中，各加水 20～30 mL 和 2 mol/L H_2SO_4 溶液 20 mL，用 $KMnO_4$ 标准滴定溶液滴定至溶液呈粉红色经 30 s 不褪色，即为终点。根据 $KMnO_4$ 标准滴定溶液用量，计算试样中 H_2O_2 的含量（用 mg/L 表示）。

五、思考题

（1）用 $Na_2C_2O_4$ 标定 $KMnO_4$ 标准滴定溶液浓度时，酸度过高或过低有无影响？溶液的温度对滴定有什么影响？

（2）标定 $KMnO_4$ 标准滴定溶液时，为什么第一滴 $KMnO_4$ 溶液加入后红色褪去很慢，以后褪色较快？

（3）用 $KMnO_4$ 法测定双氧水中 H_2O_2 的含量，为什么要在酸性条件下进行？能否用 HNO_3 或 HCl 代替 H_2SO_4 调节溶液的酸度？

（4）如何计算过氧化氢样品中 H_2O_2 的质量浓度？

实验十四　配位化合物实验

一、实验目的

（1）比较配合物与简单化合物、复盐的区别。

（2）掌握配离子形成、离解及配位平衡移动的原理。

（3）理解配位平衡与沉淀反应、氧化还原反应、溶液酸碱性的关系。

（4）了解利用配位反应进行混合离子分离及离子鉴别的初步知识。

二、实验原理

含有配离子的化合物称为配合物。配合物有电解质和非电解质之分。许多由配离子形成的盐类是电解质，例如$[Cu(NH_3)_4]SO_4$、$K_3[Fe(CN)_6]$等，其中带正电荷的$[Cu(NH_3)_4]^{2+}$为配阳离子，带负电荷的$[Fe(CN)_6]^{3-}$为配阴离子。配离子组成配合物的内层，内层中有配位中心，一般为过渡金属离子或其他金属离子或原子。配位体有简单的离子或中性分子等。配位体中直接与中心原子相结合的原子叫配位原子，而配位原子的个数为配位数。

复盐在溶液中能全部离解成简单离子，而配离子在溶液中只能部分离解成简单离子。例如：

复盐：$NH_4Fe(SO_4)_2 \longrightarrow NH_4^+ + Fe^{3+} + 2SO_4^{2-}$

配合物：$[Cu(NH_3)_4]SO_4 \longrightarrow [Cu(NH_3)_4]^{2+} + SO_4^{2-}$

$[Cu(NH_3)_4]^{2+} \rightleftharpoons Cu^{2+} + 4NH_3$

由于配离子在溶液中存在着离解平衡，故应有$K^{\ominus}_{不稳}$常数存在，它是一个标志配离子稳定程度的物理量。

例如：对于 $[Cu(NH_3)_4]^{2+} \rightleftharpoons Cu^{2+} + 4NH_3$

$$K^{\ominus}_{不稳} = \frac{[c(Cu^{2+})][c(NH_3)]^4}{c\left(Cu(NH_3)_4^{2+}\right)}$$

在相同情况下，配离子的$K^{\ominus}_{不稳}$数值越小，表示配合物的稳定性越大。

通过配位反应形成的配合物，其许多性质（如溶解度、颜色、氧化还原性等）都与组成配合物的原物质有很大不同。如 AgCl 在水中的溶解度很小，但在氨水中因生成了$Ag(NH_3)_2^+$，溶解度变得很大；又如Co^{2+}的水合离子为粉红色，而与 KSCN 作用则生成蓝色的$[Co(SCN)_4]^{2-}$；再如，Hg^{2+}可氧化 Sn^{2+}，形成$[HgI_4]^{2-}$后，Hg^{2+}的浓度变得很小，致使其氧化能力降低，不再与Sn^{2+}发生反应，其形成配离子的反应如下：

$Hg^{2+} + 2I^- \longrightarrow HgI_2$（红）

$HgI_2 + 2I^- \longrightarrow [HgI_4]^{2-}$（无色）

在配位平衡的条件改变，如当加入一定的沉淀剂时，因生成更难溶物质而使配离子破坏，造成配合物向沉淀转化，例如：

$AgCl(s) + 2NH_3 \rightleftharpoons Ag(NH_3)_2^+ + Cl^-$

$Ag(NH_3)_2^+ + Br^- \longrightarrow AgBr\downarrow + 2NH_3$

金属离子可以和具有多个配位原子的配体配合成环状结构的配合物，称为螯合物。螯合物具有更高的稳定性，有些螯合物还具有特征颜色。例如，深蓝色的 $[Cu(NH_3)_4]^{2+}$配离子和 EDTA 二钠盐作用，生成更稳定的具有 5 个五元环的螯合物，显浅蓝色；Fe^{2+}和邻二氮菲反应时，生成橘红色的螯合物。故可利用特征颜色的变化，来鉴定某些未知离子的存在，如 Ni^{2+}与丁二酮肟反应，生成鲜红沉淀，是鉴定 Ni^{2+}的常用方法。

配位反应常用于分离某些离子。如 Cu^{2+}、Ba^{2+}、Al^{3+}的混合物，可通过下列步骤进行分离：

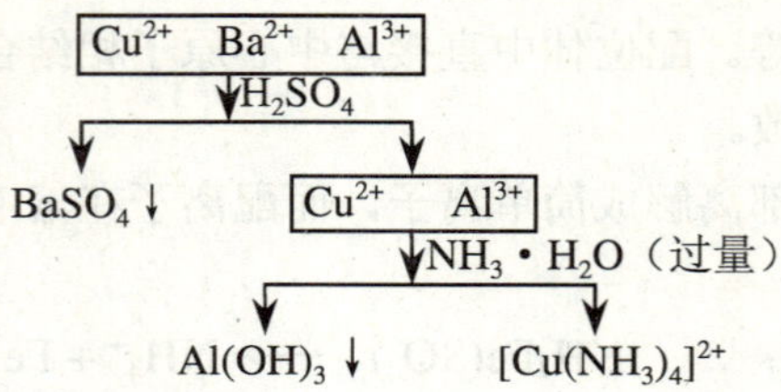

三、仪器和试剂

（1）仪器：白色瓷点滴板，离心机。

（2）试剂：

① 固体：$CuCl_2$，NaF；

② 酸：浓 HCl，H_2SO_4（1 mol/L）；

③ 碱：$NH_3 \cdot H_2O$（2 mol/L），NaOH（2 mol/L）；

④ 盐：$FeCl_3$（0.1 mol/L），KSCN（0.1 mol/L 及饱和溶液），NaF（饱和溶液），$CoCl_2$（0.1 mol/L），$HgCl_2$（0.1 mol/L），KI（0.1 mol/L），$SnCl_2$（0.1 mol/L），$NiSO_4$（0.1 mol/L），EDTA（0.5 mol/L），NaCl（0.1 mol/L），$AgNO_3$（0.1 mol/L），KBr（0.1 mol/L），$Na_2S_2O_3$（0.1 mol/L），$NH_4Fe(SO_4)_2$（0.1 mol/L），$K_3[Fe(CN)_6]$（0.1 mol/L），NaS_2（0.5 mol/L），$CuSO_4$（0.1 mol/L），$FeSO_4$（0.1 mol/L），$Cu(NO_3)_2$（0.1 mol/L），$Fe(NO_3)_3$（0.1 mol/L）。

（3）其他：丙酮，邻二氮菲（质量分数 0.25%），丁二酮肟（质量分数 1%）。

四、实验内容

1．配合物与简单化合物、复盐的区别

在三支试管中分别加入浓度为 0.1 mol/L 的 $FeCl_3$、$NH_4Fe(SO_4)_2$、$K_3[Fe(CN)_6]$的溶液各 10 滴，然后各加入浓度为 0.1 mol/L 的 KSCN 溶液 2 滴，观察记录现象，解释并写出反应方程式。

2．配离子的生成和离解

（1）取浓度为 0.1 mol/L 的 $CuSO_4$ 溶液 1 mL，逐滴加入 6 mol/L $NH_3 \cdot H_2O$，观察记录现象并写出反应方程式。继续滴加氨水，至生成的沉淀完全溶解，再多加

数滴，将此溶液分成 3 份。

在一份溶液中加入 2 mol/L NaOH 溶液 2 滴，观察现象，解释并写出反应方程式。

在第 3 份溶液中逐滴加入 1 mol/L H_2SO_4，观察现象，解释并写出反应方程式。

（2）对$[Ag(NH_3)_2]^+$配离子的生成和离解，自行设计实验步骤。

可按与（1）类似的方法，用 $AgNO_3$ 溶液制备$[Ag(NH_3)_2]^+$，并证明$[Ag(NH_3)_2]^+$的离解，解释现象并写出相关的化学反应方程式。

3．配合物生成时颜色的改变

（1）取 0.1 mol/L $FeCl_3$ 溶液 1 mL，加入 0.1 mol/L 的 KSCN 溶液 1 滴，观察溶液颜色的变化，再逐滴加入饱和 NaF 溶液，又有何变化。解释并写出反应方程式。

（2）取一支试管，加入 1.5 mL 水，再加入少量的 $CuCl_2$ 固体，振荡溶解后，观察颜色，逐滴加入浓 HCl，观察颜色有何变化。然后再逐滴加水稀释，观察颜色又有何变化。解释并写出反应方程式。

（3）取 0.1 mol/L $CoCl_2$ 溶液 5 滴，加入饱和 KSCN 溶液 5～8 滴，再加入几滴丙酮，观察现象。

4．配合物形成时氧化还原性的改变

（1）取两支试管，各加入 0.1 mol/L $FeCl_3$ 溶液 10 滴，在其中一支试管内加入少许 NaF 固体，使溶液黄色褪去，然后分别向两支试管中加入 0.1 mol/L KI 溶液 10 滴，观察现象，解释并写出反应方程式。

（2）取两支试管，各加入 0.1 mol/L $HgCl_2$ 溶液 5 滴，在其中一支试管中逐滴加入 0.1 mol/L KI 溶液至生成沉淀后又消失，然后在两支试管中分别逐滴加入 0.1 mol/L $SnCl_2$ 溶液，观察现象，解释并写出有关反应方程式。

5．配位平衡与沉淀—溶解平衡

于离心管中加入 0.1 mol/L 的 NaCl 溶液 5 滴，再加入 0.1 mol/L $AgNO_3$ 溶液 5 滴，振荡试管，离心分离，弃去清液，在沉淀中逐滴加入 2 mol/L 的氨水至沉淀溶解。然后在该溶液中加入 0.1 mol/L 的 KBr 溶液 5 滴，观察现象，再多加 1 滴，检查沉淀是否完全，离心分离，弃去清液，在沉淀中逐滴加入 0.1 mol/L $Na_2S_2O_3$ 溶液，使沉淀溶解，在所得的溶液中再逐滴加入 0.1 mol/L KI 溶液，观察是否有沉淀生成。

由上述实验归纳出沉淀平衡与配位平衡的相互关系，定性比较 AgCl、AgBr、AgI 的 $K_{sp}^{\ominus}$ 值的大小以及$[Ag(NH_3)_2]^+$、$[Ag(S_2O_3)_2]^{3-}$的稳定常数β值的大小。

6．螯合物的生成

（1）将自己制备的$[Cu(NH_3)_4]^{2+}$溶液分为两份，一份留作比较，另一份逐滴加入 0.5 mol/L EDTA 溶液，观察现象，解释并写出反应方程式。

（2）在点滴板上加 0.1 mol/L $FeSO_4$ 溶液和质量浓度为 0.25%的邻二氮菲溶液 2～3 滴，观察现象。

（3）在点滴板上加 0.1 mol/L 的 $NiSO_4$ 溶液 1 滴、2 mol/L 的氨水溶液 1 滴和质量浓度为 1%的丁二酮肟溶液 1 滴，观察现象。

7．利用配位反应分离混合离子

取浓度均为 0.1 mol/L 的 $AgNO_3$、$Cu(NO_3)_2$、$Fe(NO_3)_3$ 溶液各 5 滴于同一试管中，振荡混合，自行设计实验步骤将其分离，画出分离过程的示意图。

五、思考题

（1）配合物和复盐在本质上有何区别？

（2）$[HgI_4]^{2-}$为什么不和 Sn^{2+}发生氧化还原反应？

（3）画出分离 Ag^+、Cu^{2+}、Fe^{3+}混合离子的示意图。

（4）$FeCl_3$ 溶液中加入过量的 KI 溶液，再加入少量 KSCN 溶液，是否会出现血红色？为什么？

（5）试解释为什么能实现下列转化：

$$AgCl \xrightarrow{NH_3} [Ag(NH_3)_2]^+ \xrightarrow{Br^-} AgBr \xrightarrow{S_2O_3^{2-}} [Ag(S_2O_3)_2]^{3-} \xrightarrow{I^-} AgI$$

实验十五　自来水总硬度的测定——配位滴定法

一、实验目的

（1）掌握配位滴定法测定水的总硬度的原理和方法。

（2）掌握配位滴定法的条件选择及指示剂终点的判断。

（3）掌握 EDTA 标准滴定溶液的配制及浓度标定方法。

二、实验原理

测定水的硬度，一般采用 EDTA 配位滴定法。在 pH≈10 的缓冲溶液中，用铬黑 T 作指示剂，用 EDTA 标准滴定溶液滴定水中 Ca^{2+}、Mg^{2+}总量，当溶液由酒红色变为蓝色即达终点，然后换算成相应的硬度单位。滴定时，Fe^{3+}、Al^{3+}等干扰离子用三乙醇胺及酒石酸钾钠掩蔽，少量 Cu^{2+}、Pb^{2+}、Zn^{2+}等则可用 Na_2S 或巯基乙酸等掩蔽。

水的硬度大小是以 Ca、Mg 总量折算成每升水中含 CaO 的质量来表示，即 1 度（°）相当于 1 L 水中含有 10 mg CaO（表示为 1°＝10 mg/L CaO）。有时不折算成硬度，直接以每升水含有 CaO 的毫克数表示。

按照硬度的大小，可将水质分为软水（4°～8°）、硬水（16°～30°），少于 4°为很软水，大于 30°为很硬水，而 8°～10°为中等硬水，生活用水的总硬度不得超过 25°。

不同的工业部门对水的硬度要求不同。故测定水的硬度有很重要的实际意义。

三、仪器和试剂

（1）仪器　分析天平、滴定管（50 mL）、锥形瓶（250 mL）、容量瓶（250 mL）、烧杯（250 mL）、移液管（25 mL）、量筒（50 mL）。

（2）试剂　EDTA 二钠盐，$CaCO_3$（基准），HCl（1+1），三乙醇胺溶液（20%）。

$NH_3 \cdot H_2O$-NH_4Cl 缓冲溶液（pH＝10）：称 54 g NH_4Cl 溶于适量水中，加入浓氨水 410 mL，用蒸馏水稀释至 1 L。

铬黑 T 指示剂：将铬黑 T 与固体 NaCl 按质量比 1∶100 混合，研磨混匀，贮于磨口试剂瓶中，置于干燥器内保存。

四、实验步骤

1．0.01mol/L EDTA 标准滴定溶液的配制和标定

称取 1.0 g EDTA 二钠盐置于烧杯中，加入 100 mL 水，微微加热并搅拌使其溶解完全，冷却后转入试剂瓶中，稀释至 250 mL，摇匀待标定。

准确称取 $CaCO_3$ 0.25～0.3 g，置于 250 mL 烧杯中，加少量水润湿，盖上表面皿，从杯嘴沿玻璃棒滴加 10 mL HCl 溶液（1∶1），使之完全溶解，加热煮沸，冷却后，定量转入 250 mL 容量瓶中，加水稀释至刻度，充分摇匀。计算钙的准确浓度。

用移液管移取 25.00 mL 钙标准溶液于 250 mL 锥形瓶中，加入 25 mL 水、20 mL $NH_3 \cdot H_2O$-NH_4Cl 缓冲溶液及少量铬黑 T 指示剂，摇匀后，用 EDTA 标准滴定溶液滴定，滴至溶液由酒红色恰变为纯蓝色，即为终点。平行测定 3 份，然后计算 EDTA 标准滴定溶液的准确浓度。

2．水样总硬度的测定

取水样 50 mL 于 250 mL 锥形瓶中，加入三乙醇胺溶液（20%）3 mL，摇匀后再加入 $NH_3 \cdot H_2O$-NH_4Cl 缓冲溶液 5 mL 及少量铬黑 T 指示剂，摇匀，用 EDTA 标准溶液滴定至溶液由酒红色变纯蓝色，即为终点。根据 EDTA 标准滴定溶液的用量计算水样的硬度。计算结果时，把 Ca、Mg 总量折算成硬度（以 10 mg/L 计）。平行测定 3 份。

五、思考题

（1）配合滴定中为什么要加入缓冲溶液？

（2）本实验为什么采用铬黑 T 指示剂？能用二甲酚橙指示剂吗？为什么？

（3）水中若有 Fe^{3+}、Al^{3+}等离子，为什么会干扰测定？应如何消除？

（4）如要分别测定出钙、镁含量，应如何进行？

第四章 综合实验

实验十六　以废铝为原料制备氢氧化铝

一、实验目的

（1）通过由废铝制备氢氧化铝，了解废物综合利用的意义。

（2）熟悉金属铝和氢氧化铝的有关性质。

（3）掌握布氏漏斗、吸滤瓶、恒温烘箱等仪器的使用。

二、实验原理

$Al(OH)_3$ 为白色、无定型粉末，无嗅无味，用作分析试剂、媒染剂，也用于制药、玻璃、陶瓷等工业和铝盐制备。我国每年有大量废弃的铝（铝牙膏皮、铝药膏皮、铝制器皿、铝饮料罐等），本实验是利用废弃的铝饮料罐制备工业上有用的氢氧化铝。

本实验采用铝酸盐法制备氢氧化铝。以废铝为原料，首先与 NaOH 反应制备偏铝酸钠溶液，然后与 NH_4HCO_3 溶液反应得到氢氧化铝沉淀。其反应式为：

$$2Al + 2NaOH + 6H_2O \Longrightarrow 2Na[Al(OH)_4] + 3H_2\uparrow$$

该反应式常简写成：

$$2Al + 2NaOH + 2H_2O \Longrightarrow 2NaAlO_2 + 3H_2\uparrow$$

然后：

$$2NaAlO_2 + NH_4HCO_3 + 2H_2O \Longrightarrow Na_2CO_3 + 2Al(OH)_3\downarrow + NH_3\uparrow$$

$Al(OH)_3$ 是一种两性物质，既能溶于酸性溶液，又能溶于碱性溶液。固体 $Al(OH)_3$ 只能在 pH＝3.7～11.9 的范围内存在，当 pH＜3.7 或 pH＞11.9 时分别为 Al^{3+}和 $[Al(OH)_4]^-$的溶液。欲从偏铝酸钠的强碱性溶液中析出 $Al(OH)_3$，应适当加酸，但是酸度又不宜过量，否则析出的 $Al(OH)_3$ 又重新溶解。在制得的偏铝酸钠溶液中加入 NH_4HCO_3 或通入 CO_2 这类弱酸性物质，可适当降低溶液的碱度，便于析出 $Al(OH)_3$。

新沉淀的 $Al(OH)_3$ 长时间浸于水中将失去溶于酸和碱的能力，在高于 130℃时进行干燥也可能出现类似变化。

三、仪器、试剂和材料

（1）仪器　烧杯（250 mL、400 mL），布氏漏斗，吸滤瓶，恒温烘箱，托盘天平。

（2）试剂　NaOH（固），NH_4HCO_3（饱和溶液，溶解度见表 4-1）。

（3）材料　废铝，pH 试纸。

表 4-1　NH_4HCO_3 的溶解度

t/℃	0	10	20	30
溶解度/g·（100 mL 水）$^{-1}$	11.9	15.8	21	27

四、实验步骤

1．制备偏铝酸钠

将废弃的铝片洗净烘干，剪成细条或碎片，称取 1 g 备用。

计算与 1 g 铝完全反应比理论用量多 50%的固体 NaOH 试剂需要量 w（g）。

快速称取 w（g）固体 NaOH 于 250 mL 烧杯中，加入 50 mL 蒸馏水溶解，加热，并分次加入 1 g 上述称量好的铝片，反应开始即停止加热（若反应过于激烈，应用水浴冷却，并盖上表面皿，以防止碱液溅出伤人）。待溶解铝片反应完全，用布氏漏斗减压过滤，淋洗反应烧杯一次，将滤液转入 250 mL 烧杯中，用少量水淋洗抽滤瓶一次，淋洗液并入 250 mL 烧杯中。

2．制备氢氧化铝

加热上述偏铝酸钠溶液至沸腾，不断搅拌，然后缓慢将 75 mL 饱和 NH_4HCO_3 溶液沿杯壁加入烧杯，产生沉淀。停止加热，继续搅拌沉淀约 5 min，静置澄清，检验沉淀是否完全。用布氏漏斗减压过滤，弃去滤液。

3．提纯氢氧化铝

将得到的 $Al(OH)_3$ 沉淀转入 400 mL 烧杯中，加入约 150 mL 近沸的蒸馏水，在搅拌下加热 2～3 min，静置澄清，倾出清液。重复上述操作两次。将沉淀用布氏漏斗再次减压过滤，并用 100 mL 近沸蒸馏水洗涤（此时滤液的 pH 为 7～8），抽干。转移 $Al(OH)_3$ 沉淀至表面皿上，于烘箱中在 80℃下烘干，取出冷却，称量，计算产率（产率＝实际产量/理论产量×100%）。

五、思考题

（1）怎样配制饱和 NH_4HCO_3 溶液？

（2）制备 $Al(OH)_3$ 沉淀时，为减小对杂质的吸附和包藏，操作中应注意些什么？

（3）制备氢氧化铝时，如何检验沉淀是否完全？

实验十七　混合碱中氢氧化钠和碳酸钠含量的测定

一、实验目的

（1）掌握 HCl 标准滴定溶液的配制、标定和相关的计算方法。

（2）理解双指示剂法测定碱液中 NaOH 和 Na_2CO_3 含量的原理。

（3）掌握双指示剂法测定混合碱的操作技术及结果测定计算方法。

二、实验原理

测定混合碱中 NaOH 和 Na_2CO_3 的含量，可在同一份试样中，选用两种不同变色范围的酸碱指示剂，用 HCl 标准滴定溶液分别测定，该方法称为双指示剂法。

测定时，混合碱中 NaOH、Na_2CO_3 与 HCl 标准滴定溶液的中和反应分两步完成，第一步反应式如下：

$$NaOH + HCl \equiv NaCl + H_2O$$

$$Na_2CO_3 + HCl \equiv NaHCO_3 + NaCl$$

产物为 NaCl 和 $NaHCO_3$，此时溶液的 pH 约为 8.5，可选用酚酞指示剂［变色范围为 8.0（无色）～10.0（红色）］指示第一步反应滴定终点的到达。第二步反应式如下：

$$NaHCO_3 + HCl \equiv NaCl + CO_2\uparrow + H_2O$$

产物为 NaCl 和 H_2CO_3（进一步分解为 CO_2 和 H_2O），此时溶液的 pH 约为 4.0，可选用甲基橙指示剂［变色范围为 3.1（红色）～4.4（黄色）］指示第二步反应滴定终点的到达。

然后，根据两步滴定得到的 HCl 标准滴定溶液体积，可计算出混合碱中 NaOH 和 Na_2CO_3 的含量。

三、仪器和试剂

（1）仪器　分析天平、量筒（10 mL、100 mL）、烧杯（250 mL）、试剂瓶（500 mL）、容量瓶（250 mL）、移液管（25 mL）、酸式滴定管（50 mL）各 1 个（支）。称量瓶（25 mL，2 个）、锥形瓶（250 mL，4 个）。

（2）试剂：

① 盐酸（ρ=1.19 g·mL^{-1}，约 12 mol/L）。

② 甲基橙指示剂 2 g/L：0.2 g 指示剂溶于 100 mL 蒸馏水中。

③ 酚酞指示剂 2 g/L 乙醇溶液：0.2 g 指示剂溶于 100 mL 60%乙醇中。

四、实验步骤

1．0.1 mol/L HCl 标准滴定溶液的配制和标定

配制（500 mL）：用洁净量筒量取 4 mL 浓 HCl（为什么是 4 mL？），倒入预先装有适量水的试剂瓶中，加水稀释至 500 mL，盖好瓶塞，摇匀，贴上标签，待标定。注意浓盐酸易挥发，应在通风橱内操作。

本实验采用无水 Na_2CO_3 为基准物质标定 HCl 标准滴定溶液的浓度。由于 Na_2CO_3 容易吸收空气中的水分，因此采用市售基准试剂级的 Na_2CO_3 时应预先于 180℃下充分干燥，并保存在干燥器中。标定时发生的化学反应方程式如下：

$$Na_2CO_3 + 2HCl = 2NaCl + CO_2\uparrow + H_2O$$

滴定至反应完全时，溶液的 pH 为 3.89，选用甲基橙作指示剂。

标定：用减量法准确称取 3 份无水碳酸钠，每份为 0.15～0.2 g，分别放在 250 mL 锥形瓶中，加 50 mL 水溶解，摇匀，加 1 滴甲基橙指示剂，用 HCl 溶液滴定到溶液刚好由黄色变为橙红色即为终点。由 Na_2CO_3 的质量及消耗的 HCl 标准滴定溶液的体积，计算 HCl 标准滴定溶液的浓度。计算公式请自行推导，取三次平行标定结果的平均值为 HCl 标准滴定溶液的准确浓度值。

2．混合碱测定

用称量瓶以减量法准确称取混合碱试样 1.3～1.5 g 于 250 mL 烧杯中，加入少量新煮沸的冷蒸馏水，搅拌使其完全溶解。然后转入 250 mL 容量瓶中，用新煮沸并冷却的蒸馏水稀释至刻度，充分摇匀。

用移液管吸取 25.00 mL 上述试液 3 份，分别置于 250 mL 锥形瓶中，加 50 mL 新煮沸的蒸馏水、1～2 滴酚酞指示剂，用 HCl 标准滴定溶液滴定至溶液刚好由红色变为无色，为第一终点，记下所消耗 HCl 标准滴定溶液的体积 V_1。然后，再加 1～2 滴甲基橙指示剂于此溶液中，溶液呈黄色，继续用 HCl 标准滴定溶液滴定，至溶液刚好由黄色变为橙红色，为第二终点，记下所消耗 HCl 标准滴定溶液的体积 V_2。然后根据 V_1 和 V_2 计算试样中 NaOH 和 Na_2CO_3 的质量分数。计算公式请自行推导，取三次平行测定结果的平均值为混合碱试样测定值。

五、思考题

（1）若无水 Na_2CO_3 保存不当，吸水 1%，用此基准物质标定盐酸溶液浓度时，对结果有何影响？用此浓度测定试样，有何影响？

（2）什么叫混合碱？Na_2CO_3 和 $NaHCO_3$ 的混合物能不能采取“双指示剂法”测定其含量？测定结果的计算公式如何表示？

（3）测定时，达到第一滴定终点前，若由于滴定速度太快，摇动被滴定试液不均匀，致使滴入 HCl 局部过浓，导致 $NaHCO_3$ 部分转变为 H_2CO_3 并分解产生 CO_2

而损失，由此记录的 V_1，对测定结果有什么影响？

实验十八　重铬酸钾法测定铁矿石中铁的含量

一、实验目的

（1）学习用酸分解铁矿石试样的方法。

（2）掌握重铬酸钾法测定铁的基本原理、操作技术和测定结果计算。

（3）学习制定实验仪器、试剂的领用计划。

二、实验原理

用重铬酸钾法测定 Fe^{3+}的方法常用于检测合金、矿石、金属盐类及硅酸盐类等试样中的铁含量。该测定方法的原理是，经溶解的试样在热盐酸环境中先用 $SnCl_2$ 还原大部分 Fe^{3+}为 Fe^{2+}，然后以钨酸钠为指示剂，逐滴加入 $TiCl_3$ 溶液还原剩余部分 Fe^{3+}，稍微过量的 $TiCl_3$ 溶液将六价的钨酸盐部分还原为蓝色的五价钨酸盐（俗称钨蓝），指示 Fe^{3+}被还原完全。然后摇动溶液到蓝色消失（钨蓝被溶解氧氧化），或者滴加 $K_2Cr_2O_7$ 稀溶液使钨蓝刚好褪色。再以二苯胺磺酸钠为指示剂，在硫—磷混合酸介质中用 $K_2Cr_2O_7$ 标准滴定溶液滴定溶液中的 Fe^{2+}（将其氧化为 Fe^{3+}）至出现紫色，即达到终点。根据 $K_2Cr_2O_7$ 标准滴定溶液的消耗量可计算出试样中铁的含量。

主要反应式如下：

$$2Fe^{3+} + SnCl_2 + 4Cl^- = 2Fe^{2+} + SnCl_6^{2-}$$

$$Fe^{3+} + Ti^{3+} + H_2O = Fe^{2+} + TiO^{2+} + 2H^+$$

$$6Fe^{2+} + Cr_2O_7^{2-} + 14H^+ = 6Fe^{3+} + 2Cr^{3+} + 7H_2O$$

由于滴定过程中生成黄色的 Fe^{3+}，影响终点的正确判断，故加入 H_3PO_4，使之与 Fe^{3+}离子结合成无色的$[Fe(PO_4)_2]^{3-}$配离子，既消除了 Fe^{3+}的黄色影响，又减小了 Fe^{3+}的浓度，降低了 Fe^{3+}/Fe^{2+}的电极电位，使滴定时电位突跃增大，指示剂变色更灵敏，测定结果更准确。

三、仪器和试剂

（1）仪器　分析天平、称量瓶、容量瓶、酸式滴定管、烧杯、锥形瓶、滴瓶等，由同学确定其规格和数量，制定仪器器皿领用计划。

（2）试剂　经过预习和计算，由同学制定本实验下列试剂或溶液的配制用量计划：

① $K_2Cr_2O_7$ 基准试剂，盐酸（ρ=1.19 g/mL），硫酸（ρ=1.84 g/mL），磷酸（ρ=1.70 g/mL）。

② $SnCl_2$ 溶液 100 g/L：称取 10 g $SnCl_2 \cdot 2H_2O$ 溶解在 20 mL 浓 HCl 中，用蒸馏水稀释至 100 mL，混匀。

③ $TiCl_3$ 溶液：取 $TiCl_3$ 试剂 10 mL，用 5∶95 盐酸溶液稀释至 100 mL（临用时配制）。

④ Na_2WO_4 溶液 250 g/L：取 25 g Na_2WO_4，溶于 95 mL 水中（如混浊，则过滤），加 5 mL 浓磷酸，混匀。

⑤ 硫—磷混合酸（15+15+70）：将 15 mL 浓硫酸在搅拌下缓慢注入 75 mL 水中，再加 15 mL 浓磷酸，混匀。

⑥ 二苯胺磺酸钠指示剂 2 g/L：称取 0.2 g 二苯胺磺酸钠指示剂溶于 100 mL 蒸馏水中。

四、实验步骤

1. c（$K_2Cr_2O_7$）=0.008333 mol/L、250 mL 重铬酸钾标准滴定溶液的配制

请根据要求配制的浓度和体积计算出 $K_2Cr_2O_7$ 基准试剂的称量质量 m_0，然后按下述操作步骤配制：

将 $K_2Cr_2O_7$ 基准试剂装入 25 mL 低型称量瓶中（约 1/4 瓶），在 150℃左右电烘箱中干燥 2 h，稍冷，放入干燥器中冷却至室温。用减量法准确称取 $K_2Cr_2O_7$ m_0 g 左右于 150 mL 小烧杯中，用适量水溶解，移入 250 mL 容量瓶中，稀释至刻度，摇匀。计算其实际配制的准确浓度 c（$K_2Cr_2O_7$），并贴上标签。

2. 铁的测定

准确称取 0.25～0.3 g 铁矿石试样 3 份于 250 mL 锥形瓶中，滴加少量水润湿试样，加入浓盐酸 20 mL，低温加热使试样分解（残渣为白色或近于白色）。若有少量黑色颗粒，可加入 0.2 g NaF 助溶。趁热滴加 $SnCl_2$ 溶液使试液变为浅黄色，用少量水吹洗瓶壁，加入 10 mL 水及 10～15 滴 Na_2WO_4 溶液，滴加 $TiCl_3$ 溶液至试液刚好出现钨蓝。再加入 20～30 mL 水，随后摇动溶液，使钨蓝为溶解氧所氧化，或滴加 $K_2Cr_2O_7$ 溶液至钨蓝刚好消失。加入 10 mL 硫—磷混合酸、2～4 滴二苯胺磺酸钠指示剂，立即用 $K_2Cr_2O_7$ 标准滴定溶液滴定至刚好变紫色（半分钟内不褪色）为终点。根据 $K_2Cr_2O_7$ 标准溶液的用量计算试样中铁的质量分数。

计算公式请自行推导，取三次平行测定结果的平均值为铁矿石试样中铁的含量。

五、思考题

（1）为什么 $K_2Cr_2O_7$ 可以直接配成准确浓度的标准滴定溶液？$KMnO_4$ 标准滴定溶液也能直接配制成准确浓度吗？

（2）用 $K_2Cr_2O_7$ 标准滴定溶液滴定 Fe^{2+} 之前，为什么要加硫—磷混合酸？

（3）为什么加入硫—磷混合酸和指示剂后必须立即滴定？

实验十九　铜合金中铜含量的测定——间接碘量法

一、实验目的

（1）掌握 $Na_2S_2O_3$ 标准滴定溶液的配制、标定和保存方法。

（2）学会酸分解合金试样的操作技术。

（3）掌握间接碘量法测定铜的原理、操作技术和测定结果计算。

（4）学会制定实验仪器、试剂的领用计划。

二、实验原理

铜合金试样用 HCl-H_2O_2 溶解，加热煮沸使过量的 H_2O_2 分解，然后将溶液调节至弱酸性（pH＝3～4）环境，用 NH_4HF_2 掩蔽 Fe^{3+} 的干扰，加过量 KI，使 Cu^{2+} 还原并生成 CuI 沉淀，同时析出与铜的物质的量相当的 I_2（I_2 以 I_3^- 形式溶解于溶液中）。以淀粉为指示剂，用 $Na_2S_2O_3$ 标准滴定溶液滴定析出的 I_2，其反应式如下：

$$2Cu^{2+}+4I^- = 2CuI\downarrow + I_2$$

$$I_2 + 2S_2O_3^{2-} = 2I^- + S_4O_6^{2-}$$

根据 $Na_2S_2O_3$ 标准滴定溶液的消耗量可计算出试样中铜的含量。

由于 CuI 沉淀强烈地吸附 I_2，因此在近终点时加入硫氢酸钾以使 CuI 转化为溶解度更小的 CuSCN 沉淀，从而使已被吸附的 I_2 释放出来与 $Na_2S_2O_3$ 标准滴定溶液反应。

$$CuI\cdots I_2\downarrow + KSCN = CuSCN\downarrow + I^- + I_2$$

由于 $Na_2S_2O_3$ 溶液易受溶解 O_2、CO_2 及微生物作用而分解，所以配制 $Na_2S_2O_3$ 标准滴定溶液时，须用新煮沸并冷却的蒸馏水，以除去水中溶解的 O_2 和 CO_2，再加入少量 Na_2CO_3 使溶液呈碱性以抑制微生物生长。并且配制好的 $Na_2S_2O_3$ 标准滴定溶液需贮存于棕色试剂瓶中，于暗处放置约一周时间，待溶液稳定后再进行标定。

标定 $Na_2S_2O_3$ 标准滴定溶液常用 $K_2Cr_2O_7$ 基准物质。先准确称取一定质量的 $K_2Cr_2O_7$，让其在酸性环境中与过量的 KI 发生氧化-还原反应，生成与 $K_2Cr_2O_7$ 相应物质的量的 I_2：

$$Cr_2O_7^{2-} + 6I^- + 14H^+ = 2Cr^{3+} + 3I_2 + 7H_2O$$

再用 $Na_2S_2O_3$ 标准滴定溶液滴定生成的 I_2，即可计算出 $Na_2S_2O_3$ 标准滴定溶液的准确浓度。

三、仪器和试剂

（1）仪器　托盘天平、分析天平、称量瓶、烧杯、试剂瓶、锥形瓶、滴瓶、酸式滴定管等，由同学确定其规格和数量，制定仪器器皿领用计划。

（2）试剂　经过预习和计算，由同学制定本实验下列试剂或溶液的配制用量计划：$Na_2S_2O_3 \cdot 5H_2O$ 固体，Na_2CO_3 固体，$K_2Cr_2O_7$ 基准试剂，HCl（1+1），H_2O_2（质量分数 30%），$NH_3 \cdot H_2O$（1+1），HAc（1+1），NH_4HF_2 溶液（200 g/L），KI 固体，NH_4SCN 溶液（100 g/L），淀粉溶液（5 g/L）。

四、实验步骤

1．0.1 mol/L $Na_2S_2O_3$ 标准滴定溶液的配制和标定

（1）配制 500 mL：取纯水 500 mL 于大烧杯中，加热煮沸。冷却后加入 0.1 g Na_2CO_3。称取 12.5 g $Na_2S_2O_3 \cdot 5H_2O$，溶于该 500 mL 水中，转入棕色试剂瓶中，摇匀，置于阴暗处放置约 7 天后标定。

（2）标定：请根据 $Na_2S_2O_3$ 标准滴定溶液的粗略浓度计算，当滴定消耗 $Na_2S_2O_3$ 标准滴定溶液 25～35 mL 时所需要的 $K_2Cr_2O_7$ 基准试剂的质量 m_0（g），然后按下述操作步骤标定：

用称量瓶以减量法准确称取约 m_0（g）$K_2Cr_2O_7$ 基准试剂 3 份，分别置于三个 250 mL 锥形瓶中，做平行标定。加纯水 25 mL 溶解，加 HCl（1+1）溶液 5 mL 摇匀，再加 KI 固体 2 g，轻缓摇动混匀（防止反应产生的 I_2 挥发），盖上小表面皿，在暗处放置 3～5 min。然后加 50 mL 纯水，立即用待标定的 $Na_2S_2O_3$ 标准滴定溶液滴定到呈较浅黄色，加入 1 mL 淀粉溶液，继续滴定到溶液由蓝色刚变为亮绿色，即达到终点。计算 $Na_2S_2O_3$ 标准滴定溶液的准确浓度。取 3 份标定结果的平均值为其准确浓度，贴上标签。

2．铜合金中铜含量的测定

准确称取铜合金试样 0.25～0.30 g 于 250 mL 锥形瓶中，加入 HCl（1+1）溶液 10 mL，并用滴管加入 30% H_2O_2 约 1 mL，加盖，微热溶解，必要时可再加些 H_2O_2。煮沸至产生大气泡，使过量的 H_2O_2 分解。冷却，加水 10 mL，逐滴滴加 $NH_3 \cdot H_2O$（1+1）溶液至刚出现混浊，加入 HAc（1+1）8 mL、NH_4HF_2 溶液 5 mL，摇匀，加 KI 固体 2 g，立即用 $Na_2S_2O_3$ 标准滴定溶液滴定至溶液呈较浅黄色，加入淀粉溶液 1 mL，继续滴定至溶液呈较浅蓝色，再加入 NH_4SCN 溶液 5 mL，充分摇动。此时，溶液蓝颜色变深，继续滴定至蓝色刚消失为终点。根据 $Na_2S_2O_3$ 标准滴定溶液的用量计算铜合金中铜的质量分数。计算公式请自行推导。取平行 3 份的平均值为测定结果。

五、思考题

（1）配制、标定和保存 $Na_2S_2O_3$ 溶液应注意哪些问题？为什么？

（2）在测定铜的含量时，为什么要把溶液的 pH 调节到 3～4？酸度太高或太低对测定有何影响？

（3）本实验加入 NH_4HF_2 溶液的目的是什么？

实验二十　高锰酸钾法测定白云石中钙的含量

一、实验目的

（1）掌握 $KMnO_4$ 标准滴定溶液的配制、标定和保存方法。

（2）熟练掌握沉淀分离的操作技术。

（3）掌握用高锰酸钾法测定钙含量的原理、操作技术和测定结果计算。

（4）学会制定实验仪器、试剂的领用计划。

二、实验原理

白云石是一种碳酸盐岩石，主要成分为碳酸钙镁［$CaMg(CO_3)_2$］，并含有少量铁、铝、硅、锰、铅、锌等杂质。广泛应用于冶金、建材、化工、玻璃、陶瓷和化肥等部门。

试样经溶解后，加入过量的草酸，然后用稀氨水中和至甲基橙显黄色，此时 Ca^{2+} 与 $C_2O_4^{2-}$ 生成微溶性草酸钙沉淀，而铁、铝等金属离子与 $C_2O_4^{2-}$ 生成可溶性配合物，和 Mg^{2+} 一起留在溶液里。草酸钙沉淀经过滤、洗涤后，溶于热的稀硫酸中，用 $KMnO_4$ 标准滴定溶液滴定试液中的 $C_2O_4^{2-}$。主要反应式如下：

$$Ca^{2+} + C_2O_4^{2-} = CaC_2O_4\downarrow \text{（白）}$$

$$CaC_2O_4 + H_2SO_4 = CaSO_4 + H_2C_2O_4$$

$$5H_2C_2O_4 + 2MnO_4^- + 6H^+ = 2Mn^{2+} + 10CO_2\uparrow + 8H_2O$$

根据 $KMnO_4$ 标准滴定溶液的浓度和滴定所消耗的体积，即可计算白云石中钙的含量。

$KMnO_4$ 不能直接配制成准确浓度的标准滴定溶液，因为市售的 $KMnO_4$ 试剂常含有少量杂质；$KMnO_4$ 是一种强氧化剂，易与水中的有机物、空气中的尘埃等还原性物质起反应；同时，$KMnO_4$ 见光后能自行分解，其分解反应如下：

$$4KMnO_4 + 2H_2O = 4MnO_2 + 4KOH + 3O_2\uparrow$$

生成的 MnO_2 又能加速 $KMnO_4$ 的分解。因此，配制好的 $KMnO_4$ 标准滴定溶液需贮存于棕色试剂瓶中，放置 7～10 天待溶液稳定后，用玻璃砂芯漏斗抽滤，再进行标定。

三、仪器和试剂

（1）仪器　托盘天平、分析天平、称量瓶、烧杯、试剂瓶、滴瓶、量筒、漏斗、漏斗架、玻璃砂芯漏斗、抽滤瓶和酸式滴定管等，由同学确定其规格和数量，制定仪器器皿领用计划。

（2）试剂　经过预习和计算，由同学制定本实验下列试剂或溶液的配制用量计划：$KMnO_4$固体，$Na_2C_2O_4$基准试剂，HCl（1+1），H_2SO_4（1+2），$NH_3 \cdot H_2O$（1+1），$(NH_4)_2C_2O_4$溶液（40 g/L、1 g/L），甲基橙指示剂（1 g/L）。

四、实验步骤

1．c（$KMnO_4$）＝0.020 00 mol/L、500 mL 标准滴定溶液的配制和标定

（1）配制：于托盘天平上称取约 1.6 g $KMnO_4$，溶于 500 mL 水中，盖上表面皿，加热煮沸 1 h，静置一周后，用 G_4号玻璃砂芯漏斗抽滤，保存于棕色试剂瓶中待标定。

（2）标定：请根据 $KMnO_4$ 标准滴定溶液的粗略浓度计算，当滴定消耗 $KMnO_4$ 标准滴定溶液 25～35 mL 时所需要的 $Na_2C_2O_4$ 基准试剂的质量 m_0（g），然后按下述操作步骤标定：

用称量瓶以减量法准确称取约 m_0（g）干燥过的基准 $Na_2C_2O_4$ 试剂 3 份，分别置于三个 250 mL 烧杯中，做平行标定。加入 60 mL 水溶解，加热近沸，加入 H_2SO_4（1+2）10 mL，此时溶液温度应在 70～85℃，立即用 $KMnO_4$ 标准滴定溶液滴定。开始时，滴入 $KMnO_4$ 溶液褪色很慢，应等前一滴溶液褪色后再滴入第二滴。随着 Mn^{2+}浓度增加，反应的速度逐渐加快，但应始终保持溶液的温度不低于 60℃，继续滴定至溶液出现微红色，并保持 30 s 不褪色即为终点。记录所消耗的 $KMnO_4$ 标准滴定溶液的体积，计算 $KMnO_4$ 标准滴定溶液的浓度（自行完成），取 3 份标定结果的平均值为其准确浓度，贴上标签。

2．白云石中钙的测定

准确称取已于 105～110℃干燥过 1 h 的试样 0.2～0.25 g 3 份，分别置于 300 mL 烧杯中，做平行测定。滴加少量水润湿试样，盖上表面皿，由烧杯嘴小心加入 HCl （1+1）15 mL，加热溶解，并煮沸除去 CO_2。然后用水吹洗表面皿和杯壁，加入水 150 mL、40 g/L 草酸铵溶液 50 mL。再加热溶液至近沸，加 1g/L 甲基橙指示剂 2 滴，在不断搅拌下逐滴加入氨水（1+1）至溶液由红色刚好变为黄色（pH＞4），放置半小时。用致密滤纸以倾注法过滤，以 1 g/L 草酸铵洗涤烧杯及沉淀 5～6 次，最后用冷蒸馏水洗涤烧杯及沉淀各 3 次。将滤纸取下，摊开贴于烧杯壁上，用沸水 100 mL 将沉淀洗入烧杯，并加 H_2SO_4（1+2）10 mL，此时溶液温度应为 75～85℃。用 $KMnO_4$ 标准滴定溶液滴定至出现稳定的红色，再以玻璃棒将滤纸移入溶液，继续用 $KMnO_4$ 标准滴定溶液滴定至微红色半分钟不褪色即为终点。由所消耗

的 $KMnO_4$ 标准滴定溶液的体积及其浓度，计算白云石中 CaO 的质量分数。计算公式请自行推导。取平行 3 份的平均值为测定结果。

五、思考题

（1）洗涤 CaC_2O_4 沉淀时，为什么要先用 $(NH_4)_2C_2O_4$ 作洗涤液，然后再用蒸馏水洗？怎样判断 $C_2O_4^{2-}$ 是否洗净？

（2）滤纸为什么最后要放入烧杯中搅拌？如褪色，为什么还要滴加 $KMnO_4$ 标准滴定溶液？

（3）滴定时应控制溶液的温度在 60～85℃，这是为什么？

实验二十一　胃舒平药片中铝和镁的测定

一、实验目的

（1）掌握 EDTA 配位返滴定法测定铝的基本原理和操作技术。

（2）掌握配位滴定法中控制溶液酸度的原理和操作技术。

（3）学习药剂测定的前处理方法。

二、实验原理

胃舒平药片的主要成分为氢氧化铝、三硅酸镁及少量中药颠茄流浸膏，此外药片成型时还加了糊精等辅料。药片中 Al 和 Mg 的含量可以用 EDTA 配位滴定法测定，其他成分不干扰测定。

药片试样用 HCl 溶液分解，Al^{3+}和 Mg^{2+}进入溶液，分离除去不溶物后，制成试液，然后，分别取部分试液测定铝和镁。

由于 Al^{3+}与 EDTA 反应生成配合物的速度缓慢，且对指示剂二甲酚橙有封闭作用，故采用返滴定法测定 Al^{3+}。即取部分试液，调节 pH 为 3～4，准确加入过量的已知准确浓度和体积的 EDTA 标准滴定溶液，加热煮沸，加速 EDTA 与 Al^{3+}配合反应完全，冷却，用六亚甲基四胺溶液调节 pH 为 5～6，加入二甲酚橙指示剂，用 Zn^{2+}标准滴定溶液返滴过量的 EDTA。根据两种标准滴定溶液的消耗量可计算出 Al 的含量。

另取试液，用氨水、盐酸和六亚甲基四胺调节 pH 约为 6，使 Al^{3+}生成氢氧化物沉淀。沉淀前加入大量 NH_4Cl 以减少 $Al(OH)_3$ 沉淀对 Mg^{2+}的吸附。过滤分离 $Al(OH)_3$ 后，用氨缓冲溶液调节滤液的 pH 为 10，以三乙醇胺掩蔽残留的 Al^{3+}，以铬黑 T 作指示剂，用 EDTA 标准滴定溶液滴定滤液中的 Mg。

三、仪器和试剂

（1）仪器 托盘天平、分析天平、烧杯、锥形瓶、试剂瓶、滴瓶、量筒、容量瓶、移液管、漏斗、漏斗架、酸式滴定管等，由同学确定其规格和数量，制定仪器器皿领用计划。

（2）试剂 经过预习和计算，由同学制定本实验下列试剂或溶液的配制用量计划：EDTA 二钠盐固体，纯金属锌，NH_4Cl 固体，HCl（1+1），$NH_3 \cdot H_2O$（1+1），二甲酚橙指示剂（2 g/L），甲基橙指示剂（1 g/L），六亚甲基四胺溶液（200 g/L），三乙醇胺溶液（1+2），甲基红指示剂（2 g/L），$NH_3 \cdot H_2O$-NH_4Cl 缓冲溶液（pH＝10），铬黑 T 指示剂。

特殊试剂的配制方法：

① $NH_3 \cdot H_2O$-NH_4Cl 缓冲溶液（pH＝10）：取 54 g NH_4Cl 溶于适量水中，加入 350 mL 浓氨水，稀释至 1 L。

② 甲基红指示剂 2 g/L：取 0.2 g 甲基红溶解于 100 mL 60%的乙醇溶液中。

③ 铬黑 T 指示剂：将铬黑 T 与固体 NaCl 按质量比 1∶100 混合，研磨混匀，储于磨口试剂瓶中，置于干燥器内保存。

四、实验步骤

1．0.02 mol·L⁻¹、250 mL Zn 标准滴定溶液的配制

准确称取纯金属锌 0.3～0.4 g，置于 250 mL 烧杯中，盖上表面皿，分次加入 10 mL HCl（1+1），必要时可微热使之溶解完全，冷却后，定量转入 250 mL 容量瓶中，加水稀释至刻度，摇匀。纯金属锌是基准物质，可直接配制得到已知准确浓度的 Zn 标准滴定溶液。自行计算其准确浓度，贴上标签。

2．0.02 mol/L EDTA 标准滴定溶液的配制和标定

（1）配制：称取 3.7～4.0 g EDTA 二钠盐（$Na_2H_2Y \cdot 2H_2O$）置于 250 mL 烧杯中，加 100 mL 水，微热溶解完全，冷却，转入 500 mL 试剂瓶中，稀释至 500 mL，混匀，待标定。

（2）标定：用酸式滴定管分别放出已知准确浓度的 Zn 标准滴定溶液 25.00 mL、26.00 mL、27.00 mL 于三个 250 mL 锥形瓶中，做平行标定。加入 2 滴 2 g/L 甲基橙指示剂，用氨水（1+1）和盐酸（1+1）调至溶液恰变红色，加入 200 g/L 六亚甲基四胺溶液 10 mL、2 g/L 二甲酚橙指示剂 2～3 滴，用 EDTA 标准滴定溶液滴定至红色刚好变为亮黄色为终点。带做空白实验。计算 EDTA 标准滴定溶液的准确浓度，取 3 份标定结果的平均值，贴上标签。

3．制备试样溶液

取胃舒平药片 10 片，研细后，准确称取药粉 2.0～2.5 g，加入 20 mL HCl

（1+1），加蒸馏水 100 mL，煮沸。冷却，过滤，并以水洗涤沉淀，收集滤液及洗涤液于 250 mL 容量瓶中，稀释至刻度，摇匀。

4．铝的测定

准确吸取上述试样溶液 5.00 mL，加水至 25 mL 左右。滴加 $NH_3 \cdot H_2O$（1+1）至出现混浊（过量 3～5 滴），滴加 HCl（1+1）至沉淀恰好溶解，再过量 3～5 滴。准确加入 EDTA 标准溶液 25.00 mL，煮沸 10 min，冷却，加入 200 g/L 六亚甲基四胺溶液 10 mL、2 g/L 二甲酚橙指示剂 2～3 滴，用 Zn 标准滴定溶液滴定至溶液由黄色恰变为红色。根据 EDTA 标准滴定溶液的加入量及 Zn 标准滴定溶液的滴定体积，计算每片药片中 $Al(OH)_3$ 的质量分数。平行测定 3 份，取其平均值。

5．镁的测定

准确吸取上述试样溶液 25.00 mL，滴加 $NH_3 \cdot H_2O$（1+1）溶液至刚出现沉淀，再加入 HCl 溶液（1+1）至沉淀恰好溶解。加入固体 NH_4Cl 2 g，滴加 200 g/L 六亚甲基四胺溶液至沉淀出现并过量 15 mL。加热至 80℃，维持 10～15 min。冷却，过滤，以少量蒸馏水洗涤沉淀数次。收集滤液及洗涤液于 250 mL 锥形瓶中，加入三乙醇胺溶液（1+2）10 mL，$NH_3 \cdot H_2O$-NH_4Cl 缓冲溶液 10 mL 及 2 g/L 甲基红指示剂 1 滴，铬黑 T 指示剂少许，用 EDTA 标准滴定溶液滴定至试液由暗红色恰转变为蓝绿色为终点。计算每片药片中 MgO 的质量分数。平行测定 3 份，取其平均值。

五、思考题

（1）EDTA 配位滴定法测定铝时，为什么要采用返滴定法？

（2）在分离 Al^{3+}后的滤液中测定 Mg^{2+}，为什么还要加入三乙醇胺溶液？

（3）本实验为什么要称取大量试样溶解后再分取部分试液进行测定？

附录

附录一 pHS-2C 型酸度计的原理及使用

酸度计（也称 pH 计）是用来测量溶液 pH 值的仪器。化学实验室常用的酸度计有雷磁 25 型、pHS-2 型、pHS-2C 型和 pHS-3 型等。它们的工作原理相同，结构略有差别。下面主要介绍 pHS-2C 型酸度计。

pHS-2C 型酸度计是用玻璃电极测量水溶液试样的酸度（pH 值）的一种测量仪器。除测量溶液的酸碱度之外也可测量电池的电动势（mV）。仪器由测量电极（玻璃电极），参比电极（甘汞电汲）和测定这一对电极所组成的电池的电动势的测量系统所组成。

一、仪器工作原理

酸度计测定溶液 pH 值的方法是电位测定法。它是将测量电极（玻璃电极）与参比电极（甘汞电极）一起浸入被测溶液中，组成一个原电池。由于在一定温度下甘汞电极的电极电位是一定值，而且不随溶液 pH 变化，而玻璃电极的电极电位随溶液 pH 的变化而改变，所以这两种电极组成的原电池的电动势也只随溶液的 pH 而变化。

设电池电动势为 E，则 25℃时：

$$E = \varphi_{甘} - \varphi_{玻} = \varphi_{甘}^{\ominus} - \varphi_{玻}^{\ominus} + 0.059\ \mathrm{pH}$$

$\varphi_{甘}^{\ominus}$ 是甘汞电极的仪器常数。$\varphi_{玻}^{\ominus}$ 是玻璃电极的仪器常数，随玻璃膜和膜内 H^+浓度不同而异。在用酸度计测量前，先用已知 pH 值的标准缓冲溶通过仪器内的“定位”补偿器进行定位校正。这样上式可写成

$$E = 常数 + 0.059\,\mathrm{pH}$$

在测量时可以通过酸度计表头的 pH 刻度值，直接读出所测溶液的 pH 值。

二、仪器的构造

pHS-2C 型酸度计由电位计和 E-201-C9 复合电极组成。

1. 电极系统

E-201-9 复合电极是由玻璃电极（测量电极）和银-氯化银电极（甘汞电极）组合在一起的塑料外壳可充液式复合电极。玻璃电极头部球泡是由特殊配方制成的玻璃薄膜，

该膜仅对氢离子有感应。当它浸入被测溶液后，则被测溶液中氢离子与电极球泡表面水化层进行离子交换，形成一个与氢离子有关的电位。该电位与球泡内已知浓度的氢离子形成的电位之间产生一个球泡内外层间的电位差。此电位差仅随外层氢离子浓度的变化而改变（因电极内部的溶液氢离子浓度不变），所以只要测出此电位差就可知道被测溶液的氢离子浓度，即 pH 值。

2．仪器

仪器用高输入阻抗集成运算放大器组成的同相直流放大电路，对电极系统的电位差进行 pH 值转换，以达到精确测量溶液中氢离子浓度的目的。下面介绍该仪器面板上各调节旋钮的作用（附图 1-1）。

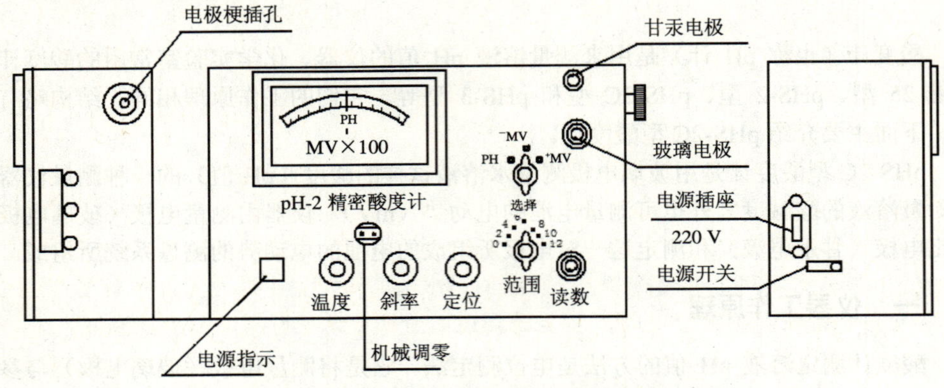

附图 1-1 pHS-2C 型酸度计面板各调节旋钮位置

“温度”调节旋钮　是用于补偿由于温度不同而对测量结果产生的影响。因此在进行溶液 pH 值测量及 pH 校正时，必须将此旋钮调至该溶液温度值上。在进行电极电位 mV 值测量时，此旋钮无作用。

“斜率”调节旋钮　是用于补偿电极转换系数的。由于实际的电极系统并不能达到理论上的转换系数（100%）。因此，设置此调节旋钮是便于用户用二点校正法对电极系统进行 pH 校正，使仪器能更精确测量溶液的 pH 值。

由于玻璃电极（零电位 pH 为 7）和银-氯化银电极浸入 pH=7 缓冲溶液中时，其电势并不都为理论上的 0 mV，而是有一定值，所以其电位差我们称之为不对称电位。这个值的大小取决于玻璃电极膜材料的性质，内、外参比体系，测量溶液和温度等因素。

“定位”调节旋钮　就是用于消除电极不对称电位对测量结果所产生的误差。“斜率”或“定位”调节旋钮仅在进行 pH 测量及校正时有作用。

“读数”按钮开关　当要读取测量值时，按下此开关。当测量结束时，再按一次此开关，使仪器指针在中间位置，且不受输入信号的影响，以免打坏表针。

“选择”开关　供用户选定仪器的测量功能。

“范围”开关　供用户选定仪器的测量范围。

三、仪器的使用

1．仪器的安装

在使用此仪器时，先把仪器机箱支架撑好，使仪器与水平面成 30°。在未用电极测量前应把配件 Q9 短路插插入电极插口内，这时仪器的量程放在“6”，按下读数开关调定位旋钮，使指针指在中间 pH＝7，表明电计工作基本正常。

2．电极安装

把电极杆装在机箱上，如电极杆不够长可以把接杆旋上。将复合电极插在塑料电极夹上。

把此电极夹装在电极杆上，将 Q9 短路插头拔去，复合电极插头插入电极插口内，电极在测量时，请把电极上近电极帽的加液口橡胶管下移使小口外露，以保持电极内 KCl 溶液的液位差。在不用时，橡胶管上移将加液口套住。

3．pH 计校正（二点校正方法）

由于每支玻璃电极的零电位，转换系数与理论值有差别，而且各不相同。因此，如要进行 pH 值测量，必须要对电极进行 pH 校正，其操作过程如下：

（1）开启仪器电源开关。如要精密测量 pH 值，应在开电源开关 30 min 后进行仪器的校正和测量。将仪器面板上的“选择”开关置“pH”挡，“范围”开关置“6”挡，“斜率”旋钮顺时针旋到底（100%处），“温度”旋钮置此标准缓冲溶液的温度。

（2）用蒸馏水将电极洗净以后，用滤纸吸干。将电极放入盛有 pH＝7 的标准缓冲溶液的烧杯内，按下“读数”开关，调节“定位”旋钮，使仪器指示值为此溶液温度下的标准 pH 值（仪器上的“范围”读数加上表头指示值即为 pH 指示值），在标定结束后，放开“读数”开关，使仪器置于准备状态。此时仪器指针在中间位置。

（3）把电极从 pH＝7 的标准缓冲溶液中取出，用蒸馏水冲洗干净，用滤纸吸干。根据将要测定 pH 值的样品溶液是酸性（pH＜7）或碱性（pH＞7）来选择 pH＝4 或 pH＝9 的标准缓冲溶液。把电极放入标准缓冲溶液中，把仪器的“范围”置“4”挡（此时为 pH＝4 的标准缓冲溶液）或放置“8”挡（此时为 pH＝9 的标准缓冲溶液），按下“读数”开关，调节“斜率”旋钮，使仪器指示值为该标准缓冲溶液在此溶液温度下的 pH 值，然后放开“读数”开关。

（4）按（2）条的方法再测 pH＝7 的标准缓冲溶液，但注意此时应将“斜率”旋钮维持不动，在按（3）条操作后的位置不变。如仪器的指示值与标准缓冲溶液的 pH 误差符合你将要进行的 pH 测量的精度要求，则可认为此时仪器已校正完毕，可以进行样品测量。

若此误差不符合你将要进行的 pH 测量的精度要求，则可调节“定位”旋钮至消除此误差，然后再按（3）条顺序操作。一般经过上述过程，仪器已能进行 pH 值的精确测量了。

在一般情况下，两种标准缓冲溶液的温度必须相同，以获得最佳 pH 校正效果。

4. 样品溶液 pH 值测量

（1）在进行样品溶液的 pH 值测量时，必须先清洗电极，并用滤纸吸干。在仪器已进行 pH 校正以后，绝对不能再旋动“定位”、“斜率”旋钮，否则必须重新进行仪器 pH 校正。一般情况下，一天进行一次 pH 校正已能满足常规 pH 测量的精度要求。

（2）将仪器的“温度”旋钮旋至被测样品溶液的温度值。将电极放入被测溶液中。仪器的“范围”开关置于此样品溶液的 pH 值挡上，按下“读数”开关。如表针打出左面刻度线，则应减少“范围”开关值；如表针打出右面刻度线，则应增加“范围”的开关值。直至表针在刻度上，此时表针所指示的值加上“范围”开关值，即为此样品溶液 pH 值。请注意，表面满刻度值为 2 pH，最少分度值为 0.02 pH。

希望被测样品溶液的温度和用于仪器 pH 校正的标准缓冲溶液的温度相同。这样能减小由于电极而引起的测量误差，提高仪器测量精度。

四、仪器的维护及注意事项

仪器必须很好地维护，以保证仪器的使用寿命和测量精度，仪器全部采用集成电路，仪器的输入阻抗很高，因此在使用和存放仪器时，必须注意以下几条：

（1）仪器的输入端（即复合电极插口），必须保持清洁，不使用时将 Q9 短路插入，使仪器输入处于短路状态，这样能防止灰尘进入，并能保护仪器不受静电影响。

（2）仪器在按下“读数”开关时如发现指针打出刻度，应放开“读数”开关，检查分挡开关位置及其他调节器是否适当。电极头是否浸入溶液。在 pH 挡时，如输入信号近于 pH=7 或输入端短路时，分挡开关应在“6”挡；在 mV 挡时，分挡开关应在“0”mV。

（3）调节“温度”旋钮时勿用力过大，以防止移动紧固螺丝的位置，影响 pH 准确度。

（4）当按下读数开关，调节“定位”旋钮达不到标准缓冲溶液的 pH 时，即说明电极的不对称电位很大（大于±1 pH 或小于－1 pH），或被测缓冲溶液 pH 不正确，应调换电极或溶液试之。

用仪器测量缓冲溶液误差较大时，可以用电位差计毫伏值输入到仪器输入端。仪器置 mV 挡。当电位差计输入 0，±100 mV，±200 mV，～±1 400 mV 时，观测仪器的指示值，分别情况按下面方法调节机箱边的“零点”“mV”“－mV”三调节器。注意，仪器出厂时已把此三个调节器调整好了，如没有电位差计，请不要随便旋动此调节器。

a）当仪器在输入正负各挡 mV 值时，如基本上误差都相同，且极性相同（如都差－2 mV），可调节“零点”调节器，以消除此误差。

b）当仪器在输入正负各挡 mV 值时，仪器在 0 mV 输入时误差很小（小于 1 mV）。但仪器的误差随输入信号变化而改变，如测“mV”值时有此误差，可调节“mV”调节器，测“－mV”值时有此误差可调节“－mV”调节器，以消除此误差。

c）当仪器在输入正负各挡 mV 值时，如仪器在 0 mV 输入时有一定的误差（如 2 mV 时），且此误差随输入信号的变化而改变时，则可在仪器输入 0 mV 时，调“零点”调节器，使仪器指示为0 mV，然后输入±1 400 mV，分别调节“mV”，“-mV”调节器，使仪器误差达到技术要求即可。经过上述过程调节，仪器一般就能达到规定的技术要求，如仪器在测量过程中仍有误差，则要把仪器送到专设的维修点进行检验维修。pH玻璃电极在常规情况下只能保存、使用一年。

五、电极使用维护及注意事项

（1）电极在测量前必须用已知 pH 值的标准缓冲溶液进行定位校准，为取得更正确的结果，已知 pH 值要可靠，而且其 pH 值愈接近被测值愈好。

（2）取下帽后要注意，在塑料保护栅内的敏感玻璃泡不与硬物接触，任何破损和擦毛都会使电极失效。

（3）测量完毕，不用时应将电极保护帽套上，帽内应放少量补充液，以保持电极球泡的湿润。

（4）复合电极的外参比补充液为 3 mol/L 氯化钾溶液（内装 3 mol/L 氯化钾小瓶一只，用户只需加入 60 mL 蒸馏水摇匀，此溶液即为外参比补充液，见附件），补充液可以从上端小孔加入。

（5）电极的引出端，必须保持清洁和干燥，绝对防止输出两端短路，否则将导致测量结果失准或失效。

（6）电极应与输入阻抗较高的酸度计（10≥12）配套，以使电极保持良好的特性。

（7）电极避免长期浸在蒸馏水中或蛋白质和酸性氟化物溶液中，并防止与有机硅油脂接触。

（8）电极经长期使用后，如发现梯度略有降低，则可把电极下端浸泡在 4%HF（氢氟酸）中 3～5 s，用蒸馏水洗净，然后在氯化钾溶液中浸泡，使之复新。

（9）被测溶液中如含有易污染敏感球泡或堵塞液接界的物质，而使电极钝化，则其现象是敏感梯度降低，或读数不准。如此，则应根据污染物质的性质，以适当溶液清洗，使之复新。

注：选用清洗剂时，慎用能溶解聚碳酸树脂的清洗液，如四氯化碳、三氯乙烯、四氢呋喃等，因为其可把聚碳酸树脂溶解后，涂在敏感玻璃球泡上，而使电极失效。污染物质和清洗剂请看附表 1-1，供参考。

附表 1-1　污染物和清洗剂

污染物	清洗剂
无机金属氧化物	低于 1 mol/L 稀酸
有机油脂类物	稀洗涤剂（弱碱性）
树脂高分子物质	酒精、丙酮、乙醚
蛋白质血球沉淀物	酸性酶溶液（如食母生片）
颜料类物质	稀漂白液，过氧化氢

附件1 缓冲溶液的配制

（1）pH＝4 溶液：用 GR 邻苯二甲酸（$KHC_3H_4O_4$）10.21 g，溶解于 1 000 mL 的蒸馏水中。

（2）pH＝6.86 溶液：用 GR 磷酸二氢钾（KH_2PO_4）3.4 g，GR 磷酸氢二钠（Na_2HPO_4）3.55 g，溶解于 1 000 mL 蒸馏水中。

（3）pH＝9.20 溶液：用 GR 硼砂钠（$Na_2B_4O_7 \cdot 10H_2O$） 3.81 g，溶解于 1 000 mL 蒸馏水中。

附件2 缓冲溶液的 pH 值与温度关系对照表

溶液温度℃	邻苯二甲酸盐	中性磷酸盐	硼酸盐
5	4.01	6.95	9.39
10	4.00	6.92	9.33
15	4.00	6.90	9.27
20	4.01	6.88	9.22
25	4.01	6.86	9.18
30	4.02	6.85	9.14
35	4.03	6.84	9.10
40	4.04	6.84	9.07
45	4.05	6.83	9.04
50	4.06	6.83	9.01
55	4.08	6.84	8.99
60	4.10	6.84	8.96

附录二　常用酸碱溶液的浓度（15℃）

溶液名称	密度ρ/（g·mL^{-1}）	质量百分浓度/%	（物质的量）浓度 c/（mol·L^{-1}）
浓硫酸 H_2SO_4	1.84	95～96	18
稀硫酸 H_2SO_4	1.18	25	3
稀硫酸 H_2SO_4	1.06	9	1
浓盐酸 HCl	1.19	38	12
稀盐酸 HCl	1.10	20	6
稀盐酸 HCl	1.03	7	2
浓硝酸 HNO_3	1.40	65	14
稀硝酸 HNO_3	1.20	32	6
稀硝酸 HNO_3	1.07	12	2
浓磷酸 H_3PO_4	1.7	85	15
稀磷酸 H_3PO_4	1.05	9	1
稀高氯酸 $HClO_4$	1.12	19	2
浓氢氟酸 HF	1.13	40	23
氢溴酸 HBr	1.38	40	7
氢碘酸 HI	1.70	57	7.5
冰醋酸 CH_3COOH	1.05	99～100	17.5
稀醋酸 CH_3COOH	1.04	35	6
稀醋酸 CH_3COOH	1.02	12	2
浓氢氧化钠 NaOH	1.36	33	11
稀氢氧化钠 NaOH	1.09	8	2
浓氨水 NH_3（aq）	0.88	35	18
浓氨水 NH_3（aq）	0.91	25	13.5
稀氨水 NH_3（aq）	0.96	11	6
稀氨水 NH_3（aq）	0.99	3.5	2

附录三　弱酸弱碱在水中的离解常数

（近似浓度 0.01～0.003 mol/L　25℃）

化学式	电离常数（K）	pK
HAc	1.75×10^{-5}	4.756
H_2CO_3	$K_1=4.37\times10^{-7}$	6.36
	$K_2=4.68\times10^{-11}$	10.33
$H_2C_2O_4$	$K_1=5.89\times10^{-2}$	1.23
	$K_2=6.46\times10^{-5}$	4.19
HNO_2	7.24×10^{-4}	3.14
H_3PO_4	$K_1=7.08\times10^{-3}$	2.15
	$K_2=6.31\times10^{-8}$	7.20
	$K_3=4.17\times10^{-13}$	12.38
SO_2+H_2O	$K_1=1.29\times10^{-2}$	1.89
	$K_2=6.16\times10^{-8}$	7.21
H_2SO_4	$K_2=1.02\times10^{-2}$	1.99
H_2S	$K_1=1.07\times10^{-7}$	6.97
	$K_2=1.26\times10^{-13}$	12.90
HCN	6.17×10^{-10}	9.21
H_2CrO_4	$K_1=9.55$	−0.98
	$K_2=3.16\times10^{-7}$	6.50
HF	6.61×10^{-4}	3.18
H_2O_2	2.24×10^{-12}	11.65
$NH_3\cdot H_2O$	1.79×10^{-5}	4.75
NH_4^+	5.56×10^{-10}	9.25
HClO	2.88×10^{-8}	7.54
HBrO	2.06×10^{-9}	8.69
HIO	2.3×10^{-11}	10.64
$Pb(OH)_2$	9.6×10^{-4}	3.02
AgOH	1.1×10^{-4}	3.96
$Zn(OH)_2$	9.6×10^{-4}	3.02
NH_2OH	1.07×10^{-8}	7.97
$NH_2\cdot NH_2$	1.7×10^{-6}	5.77

附录四　一些难溶化合物的溶度积常数

化合物	K_{sp}	化合物	K_{sp}	化合物	K_{sp}
AgBr	5.0×10^{-13}	$CaHPO_4$	1×10^{-7}	$MgCO_3$	3.5×10^{-8}
Ag_2CO_3	8.1×10^{-12}	$Ca_3(PO_4)_2$	2.0×10^{-29}	MgF_2	6.5×10^{-9}
$Ag_2C_2O_4$	3.4×10^{-11}	$CaSO_4$	9.1×10^{-6}	$Mg(OH)_2$	1.8×10^{-11}
AgCl	1.8×10^{-10}	$Cr(OH)_3$	6.3×10^{-31}	$MnCO_3$	1.8×10^{-11}
Ag_2CrO_4	1.1×10^{-12}	$CoCO_3$	1.4×10^{-13}	$Mn(OH)_2$	1.9×10^{-13}
$Ag_2Cr_2O_7$	2.0×10^{-7}	$Co(OH)_2$（新析出）	1.6×10^{-15}	MnS（无定形）	2.5×10^{-10}
$AgIO_3$	3.0×10^{-8}	$Co(OH)_3$	1.6×10^{-44}	MnS（结晶）	2.5×10^{-13}
AgI	8.3×10^{-17}	α-CoS	4.0×10^{-21}	$NiCO_3$	6.6×10^{-9}
Ag_3PO_4	1.4×10^{-16}	β-CoS	2.0×10^{-25}	$Ni(OH)_2$（新析出）	2.0×10^{-15}
Ag_2SO_4	1.4×10^{-5}	CuBr	5.3×10^{-9}	α-NiS	3.2×10^{-19}
Ag_2S	6.3×10^{-50}	CuCl	1.2×10^{-6}	β-NiS	1.0×10^{-24}
$Al(OH)_3$（无定形）	1.3×10^{-33}	CuCN	3.2×10^{-20}	γ-NiS	2.0×10^{-25}
$BaCO_3$	5.1×10^{-9}	$CuCO_3$	1.4×10^{-10}	$PbBr_2$	4.0×10^{-5}
$BaCrO_4$	1.2×10^{-10}	$CuCrO_4$	3.6×10^{-6}	$PbCO_3$	7.4×10^{-14}
BaF_2	1.0×10^{-6}	CuI	1.1×10^{-12}	PbC_2O_4	4.3×10^{-10}
BaC_2O_4	1.6×10^{-7}	CuOH	1×10^{-14}	$PbCl_2$	1.6×10^{-5}
$Ba_3(PO_4)_2$	3.4×10^{-23}	$Cu(OH)_2$	2.2×10^{-20}	$PbCrO_4$	2.8×10^{-13}
$BaSO_4$	1.1×10^{-10}	Cu_2S	2.5×10^{-48}	PbI_2	7.1×10^{-9}
$BaSO_3$	8×10^{-7}	CuS	6.3×10^{-36}	$Pb_3(PO_4)_2$	8.0×10^{-43}
BaS_2O_3	1.6×10^{-5}	$FeCO_3$	3.2×10^{-11}	$PbSO_4$	1.6×10^{-8}
$Bi(OH)_3$	4×10^{-31}	$Fe(OH)_2$	8.0×10^{-16}	PbS	8.0×10^{-28}
BiOCl	1.8×10^{-31}	$FeC_2O_4\cdot2H_2O$	3.2×10^{-7}	$Sn(OH)_2$	1.4×10^{-28}
Bi_2S_3	1×10^{-97}	$Fe(OH)_3$	4×10^{-38}	$Sn(OH)_4$	1×10^{-56}
$CdCO_3$	5.2×10^{-12}	$FePO_4$	1.3×10^{-22}	SnS	1.0×10^{-25}
$Cd(OH)_2$（新析出）	2.5×10^{-14}	FeS	6.3×10^{-18}	$ZnCO_3$	1.4×10^{-11}
CdS	8.0×10^{-27}	$K_2(PtCl_6)$	1.1×10^{-5}	ZnC_2O_4	2.7×10^{-8}
$CaCO_3$	2.8×10^{-9}	Hg_2I_2	4.5×10^{-29}	$Zn(OH)_2$	1.2×10^{-17}
$CaC_2O_4\cdot H_2O$	4×10^{-9}	Hg_2SO_4	7.4×10^{-7}	α-ZnS	1.6×10^{-24}
$CaCrO_4$	7.1×10^{-4}	Hg_2S	1.0×10^{-47}	β-ZnS	2.5×10^{-22}
CaF_2	5.3×10^{-9}	HgS(红)	4×10^{-53}		
$Ca(OH)_2$	5.5×10^{-6}	HgS（黑）	1.6×10^{-52}		

本表摘自：John A.Dean．Lange's Handbook of Chemistry．13 版，1985。

附录五　标准电极电位（25℃）

半反应	$E^{\ominus}$/V	半反应	$E^{\ominus}$/V
$Li^+ + e \rightleftharpoons Li$	−3.045	$AgCN + e \rightleftharpoons Ag + CN^-$	−0.017
$Ca(OH)_2 + 2e \rightleftharpoons Ca + 2OH^-$	−3.020	$2H^+ + 2e \rightleftharpoons H_2$	0.000
$Rb^+ + e \rightleftharpoons Rb$	−2.925	$AgBr + e \rightleftharpoons Ag + Br^-$	0.071 3
$K^+ + e \rightleftharpoons K$	−2.924	$Sn^{4+} + 2e \rightleftharpoons Sn^{2+}$	0.150
$Cs^+ + e \rightleftharpoons Cs$	−2.923	$Cu^{2+} + e \rightleftharpoons Cu^+$	0.158
$Ba^{2+} + 2e \rightleftharpoons Ba$	−2.912	$ClO_4^- + H_2O + 2e \rightleftharpoons ClO_3^- + 2OH^-$	0.360
$Sr^{2+} + 2e \rightleftharpoons Sr$	−2.890	$SO_4^{2-} + 4H^+ + 2e \rightleftharpoons H_2SO_3 + H_2O$	0.170
$Na^+ + e \rightleftharpoons Na$	−2.713	$AgCl + e \rightleftharpoons Ag + Cl^-$	0.222
$Mg^{2+} + 2e \rightleftharpoons Mg$	−2.375	$Cu^{2+} + 2e \rightleftharpoons Cu$	0.223
$H_2(g) + 2e \rightleftharpoons 2H^-$	−2.230	$Ag_2O + H_2O + 2e \rightleftharpoons 2Ag + 2OH^-$	0.340
$AlF_6^{3-} + 3e \rightleftharpoons Al + 6F^-$	−2.232	$ClO_2^- + H_2O + 2e \rightleftharpoons ClO^- + 2OH^-$	0.342
$Be^{2+} + 2e \rightleftharpoons Be$	−1.847	$O_2 + 2H_2O + 4e \rightleftharpoons 4OH^-$	0.350
$Al^{3+} + 3e \rightleftharpoons Al(0.1\ mol \cdot L^{-1}\ NaOH)$	−1.706	$[Fe(CN)_6]^{3-} + e \rightleftharpoons [Fe(CN)_6]^{4-}$	0.401
$Mn(OH)_2 + 2e \rightleftharpoons Mn + 2OH^-$	−1.470	$Hg_2^{2+} + 2e \rightleftharpoons 2Hg$	0.690
$ZnO_2^- + 2H_2O + 2e \rightleftharpoons Zn + 4OH^-$	−1.216	$Ag^+ + e \rightleftharpoons Ag$	0.792
$Zn^{2+} + 2e \rightleftharpoons Zn$	−0.763	$2NO_3^- + 4H^+ + 2e \rightleftharpoons N_2O_4 + 2H_2O$	0.799 6
$Mn^{2+} + 2e \rightleftharpoons Mn$	−1.170	$Hg^{2+} + 2e \rightleftharpoons Hg$	0.810
$Sn(OH)_6^{3-} + 2e \rightleftharpoons HSnO_2^- + H_2O + 3OH^-$	−0.960	$ClO^- + H_2O + 2e \rightleftharpoons Cl^- + 2OH^-$	0.851
$2H_2O + 2e \rightleftharpoons H_2 + 2OH^-$	−0.827 7	$2Hg^{2+} + 2e \rightleftharpoons Hg_2^+$	0.920
$Cr^{3+} + 3e \rightleftharpoons Cr$	−0.744	$Br_2(l) + 2e \rightleftharpoons 2Br^-$	1.065
$Ni(OH)_2 + 2e \rightleftharpoons Ni + 2OH^-$	−0.720	$MnO_2 + 4H^+ + 2e \rightleftharpoons Mn^{2+} + 2H_2O$	1.087
$Fe(OH)_3 + e \rightleftharpoons Fe(OH)_2 + OH^-$	−0.560	$O_2 + 4H^+ + 4e \rightleftharpoons 2H_2O$	1.208
$CO_2(g) + 2H^+ + 2e \rightleftharpoons H_2C_2O_4$	−0.490	$Cr_2O_7^{2-} + 14H^+ + 6e \rightleftharpoons 2Cr^{3+} + 7H_2O$	1.330
$NO_2^- + H_2O + e \rightleftharpoons NO + 2OH^-$	−0.460	$I_2 + 2e \rightleftharpoons 2I^-$	0.538
$Cr^{3+} + e \rightleftharpoons Cr^{2+}$	−0.740	$MnO_4^- + e \rightleftharpoons MnO_4^{2-}$	0.564
$Fe^{2+} + 2e \rightleftharpoons Fe$	−0.409	$MnO_4^- + 2H_2O + 3e \rightleftharpoons MnO_2 + 4OH^-$	0.588
$Fe^{3+} + 3e \rightleftharpoons Fe$	−0.036	$O(g) + 2H^+ + 2e \rightleftharpoons H_2O$	2.422
$Ni^{2+} + 2e \rightleftharpoons Ni$	−0.250	$O_3 + 2H^+ + 2e \rightleftharpoons O_2 + H_2O$	2.070
$Sn^{2+} + 2e \rightleftharpoons Sn$	−0.136	$MnO_4^- + 8H^+ + 5e \rightleftharpoons Mn^{2+} + 4H_2O$	1.510
$Pb^{2+} + 2e \rightleftharpoons Pb$	−0.126		

附录六　部分配离子的稳定常数和不稳定常数

配离子	$K_{稳}$	$\lg K_{稳}$	$K_{不稳}$	$\lg K_{不稳}$
$[AgBr_2]^-$	2.14×10^{7}	7.33	4.67×10^{-8}	−7.33
$[Ag(CN)_2]^-$	1.26×10^{21}	21.1	7.94×10^{-22}	−21.1
$[AgCl_2]^-$	1.10×10^{5}	5.04	9.00×10^{-6}	−5.04
$[AgI_2]^-$	5.5×10^{11}	11.74	1.82×10^{-12}	−11.74
$[Ag(NH_3)_2]^+$	1.12×10^{7}	7.05	8.93×10^{-8}	−7.05
$[Ag(S_2O_3)_2]^{3-}$	2.89×10^{13}	13.46	3.46×10^{-14}	−13.46
$[Ag(Py)_2]^-$	1×10^{10}	10.0	1×10^{-10}	−10.0
$[Co(NH_3)_6]^{2+}$	1.29×10^{5}	5.11	7.75×10^{-6}	−5.11
$[Cu(CN)_2]^-$	1×10^{24}	24.0	1×10^{-24}	−24.0
$[Cu(NH_3)_2]^+$	7.24×10^{10}	10.86	1.38×10^{-11}	−10.86
$[Cu(NH_3)_4]^{2+}$	2.09×10^{13}	13.32	4.78×10^{-14}	−13.32
$[Cu(P_2O_7)_2]^{6-}$	1×10^{9}	9.0	1×10^{-9}	−9.0
$[Cu(SCN)_2]^-$	1.52×10^{5}	5.18	6.58×10^{-6}	−5.18
$[Fe(CN)_6]^{3-}$	1×10^{42}	42.0	1×10^{-42}	−42.0
$[FeF_6]^{3-}$	2.01×10^{14}	14.31	4.90×10^{-15}	−14.31
$[HgBr_4]^{2-}$	1×10^{21}	21.0	1×10^{-21}	−21.0
$[Hg(CN)_4]^{2-}$	2.51×10^{41}	41.4	3.98×10^{-42}	−41.4
$[HgCl_4]^{2-}$	1.17×10^{15}	15.07	8.55×10^{-16}	−15.07
$[HgI_4]^{2-}$	6.76×10^{29}	29.83	1.48×10^{-30}	−29.83
$[Ni(NH_3)_6]^{2+}$	5.50×10^{8}	8.74	1.82×10^{-9}	−8.74
$[Ni(en)_3]^{2+}$	2.14×10^{18}	18.33	4.67×10^{-19}	−18.33
$[Zn(CN)_4]^{2-}$	5.0×10^{16}	16.7	2.0×10^{-17}	−16.7
$[Zn(NH_3)_4]^{2+}$	2.87×10^{9}	9.46	3.48×10^{-10}	−9.46
$[Zn(CN)_2]^{2+}$	6.67×10^{10}	10.83	1.48×10^{-11}	−10.83

附录七 国际相对原子质量表（1997）

元素		相对原子质量	元素		相对原子质量	元素		相对原子质量	元素		相对原子质量
符号	名称		符号	名称		符号	名称		符号	名称	
Ac	锕	（227）	Er	铒	167.26	Mn	锰	54.938 05	Ru	钌	101.07
Ag	银	107.868 2	Es	锿	（252）	Mo	钼	95.94	S	硫	32.066
Al	铝	26.981 54	Eu	铕	151.964	N	氮	14.006 74	Sb	锑	121.760
Am	镅	（243）	F	氟	18.998 40	Na	钠	22.989 77	Sc	钪	44.955 91
Ar	氩	39.948	Fe	铁	55.845	Nb	铌	92.906 38	Se	硒	78.96
As	砷	74.921 60	Fm	镄	（257）	Nd	钕	144.24	Si	硅	28.085 5
At	砹	（210）	Fr	钫	（223）	Ne	氖	20.179 7	Sm	钐	150.36
Au	金	196.966 55	Ga	镓	69.723	Ni	镍	58.693 4	Sn	锡	118.710
B	硼	10.811	Gd	钆	157.25	No	锘	（259）	Sr	锶	87.62
Ba	钡	137.327	Ge	锗	72.61	Np	镎	237.048 2	Ta	钽	180.947 9
Be	铍	9.012 18	H	氢	1.007 94	O	氧	15.999 4	Tb	铽	158.925 34
Bi	铋	208.980 38	He	氦	4.002 60	Os	锇	190.23	Tc	锝	97.99
Bk	锫	（247）	Hf	铪	178.49	P	磷	30.973 76	Te	碲	127.60
Br	溴	79.904	Hg	汞	200.59	Pa	镤	231.035 88	Th	钍	232.038 1
C	碳	12.010 7	Ho	钬	164.930 32	Pb	铅	207.2	Ti	钛	47.867
Ca	钙	40.078	I	碘	126.904 47	Pd	钯	106.42	Tl	铊	204.383 3
Cd	镉	112.411	In	铟	114.818	Pm	钷	（147）	Tm	铥	168.934 21
Ce	铈	140.116	Ir	铱	192.217	Po	钋	（～210）	U	铀	238.028 9
Cf	锎	（251）	K	钾	39.098 3	Pr	镨	140.907 65	V	钒	50.941 5
Cl	氯	35.452 7	Kr	氪	83.80	Pt	铂	195.078	W	钨	183.84
Cm	锔	（247）	La	镧	138.905 5	Pu	钚	（244）	Xe	氙	131.29
Co	钴	58.933 20	Li	锂	6.941	Ra	镭	226.025 4	Y	钇	88.905 85
Cr	铬	51.996 1	Lr	铹	（260）	Rb	铷	85.467 8	Yb	镱	173.04
Cs	铯	132.905 45	Lu	镥	174.967	Re	铼	186.207	Zn	锌	65.39
Cu	铜	63.546	Md	钔	（258）	Rh	铑	102.905 5	Zr	锆	91.224
Dy	镝	162.50	Mg	镁	24.3050	Rn	氡	（222）			

附录八　一些化合物的相对分子质量

化合物分子式	相对分子质量	化合物分子式	相对分子质量	化合物分子式	相对分子质量
Ag_3AsO_4	462.52	$CaCl_2 \cdot 6H_2O$	219.08	$CuSO_4 \cdot 5H_2O$	249.68
AgI	234.77	$Ca(NO_3)_2 \cdot 4H_2O$	236.15	CH_3COOH	60.052
$AgBr$	187.77	$Ca(OH)_2$	74.09	CH_3COONa	82.034
$AgCl$	143.32	$Ca_3(PO_4)_2$	310.18	$CH_3COONa \cdot 3H_2O$	136.08
$AgNO_3$	169.87	$CaSO_4$	136.14	$Fe(NO_3)_2$	241.86
$AgCN$	133.89	$CdCO_3$	172.42	$Fe(NO_3)_3 \cdot 9H_2O$	404.00
$AgSCN$	165.95	$CdCl_2$	183.32	FeO	71.846
Ag_2CrO_4	331.73	$C_6H_4COOHCOOK$（邻苯二甲酸氢钾）	204.23	Fe_2O_3	159.69
$AlCl_3$	133.34	CdS	144.47	Fe_3O_4	321.54
$AlCl_3 \cdot 6H_2O$	241.43	$Ce(SO_4)_2$	332.24	$Fe(OH)_3$	106.87
$Al(NO_3)_3$	213.00	$Ce(SO_4)_2 \cdot 4H_2O$	404.30	$C_4H_8N_2O_2$（丁二酮肟）	116.12
$Al(NO_3)_3 \cdot 9H_2O$	375.13	$CoCl_2$	129.84	$FeCl_2$	126.75
Al_2O_3	101.96	$CoCl_2 \cdot 6H_2O$	237.93	$FeCl_2 \cdot 4H_2O$	198.81
$Al(OH)_3$	78.00	$Co(NO_3)_2$	182.94	$FeCl_3$	162.21
$Al_2(SO_4)_3$	342.14	$Co(NO_3)_2 \cdot 6H_2O$	291.03	$FeCl_3 \cdot 6H_2O$	270.30
$Al_2(SO_4)_3 \cdot 18H_2O$	666.41	CoS	90.99	FeS	87.91
As_2S_3	246.02	$CoSO_4$	154.99	Fe_2S_3	207.87
As_2O_3	197.84	$CoSO_4 \cdot 7H_2O$	281.10	$FeSO_4$	151.90
As_2O_5	229.84	$Co(NH_2)_2$	60.06	$FeSO_4 \cdot 7H_2O$	278.01
$BaCO_3$	197.34	$CrCl_3$	158.35	$FeNH_4(SO_4)_2 \cdot 12H_2O$	482.18
BaC_2O_4	225.35	$CrCl_3 \cdot 6H_2O$	266.45	$Fe(NH_4)_2(SO_4)_2 \cdot 6H_2O$	392.13
$BaCl_2$	208.24	$Cr(NO_3)_3$	238.01	H_3AsO_3	125.94
$BaCl_2 \cdot 2H_2O$	244.27	Cr_2O_3	151.99	H_3AsO_4	141.94
$BaCrO_4$	253.32	$CuCl$	98.999	H_3BO_3	61.83
BaO	153.33	$CuCl_2$	134.45	HBr	80.912
$Ba(OH)_2$	171.34	$CuCl_2 \cdot 2H_2O$	170.48	HCN	27.026
$BaSO_4$	233.39	$CuSCN$	121.62	$HCOOH$	46.026
$BiCl_3$	315.34	CuI	190.45	H_2CO_3	62.025
$BiOCl$	260.43	$Cu(NO_3)_2$	187.56	$H_2C_2O_4$	90.035
CO_2	44.01	$Cu(NO_3)_2 \cdot 3H_2O$	241.60	$H_2C_2O_4 \cdot 2H_2O$	126.07
CaO	56.08	CuO	79.545	HCl	36.461
$CaCO_3$	100.09	Cu_2O	143.09	HF	20.006
CaC_2O_4	128.10	CuS	95.61	HI	127.91
$CaCl_2$	110.99	$CuSO_4$	159.60	HIO_3	175.91

化合物分子式	相对分子质量	化合物分子式	相对分子质量	化合物分子式	相对分子质量
HNO_3	63.031	$KHSO_4$	136.16	CH_3COONH_4	77.083
HNO_2	47.013	KI	166.00	NH_4Cl	53.491
H_2O	18.015	KIO_3	214.00	$(NH_4)_2CO_3$	96.089
H_2O_2	34.015	$KIO_3 \cdot HIO_3$	389.91	$(NH_4)_2C_2O_4$	124.10
H_3PO_4	97.995	$KMnO_4$	158.03	$(NH_4)_2C_2O_4 \cdot H_2O$	142.11
H_2S	34.08	$KNaC_4H_4O_6 \cdot 4H_2O$	282.22	NH_4SCN	76.12
H_2SO_3	82.07	KNO_3	101.10	NH_2HCO_3	79.005
H_2SO_4	98.07	KNO_2	85.104	$(NH_4)_2MoO_4$	196.01
$Hg(CN)_2$	252.36	K_2O	94.196	NH_4NO_3	80.043
$HgCl_2$	271.50	KOH	56.106	$(NH_4)_2HPO_4$	132.06
Hg_2Cl_2	472.09	K_2SO_4	174.25	$(NH_4)_3PO_4 \cdot 12MoO_3$	1 876.3
HgI_2	454.40	$MgCO_3$	84.314	$(NH_4)_2S$	68.14
$Hg_2(NO_3)_2$	525.19	$MgCl_2$	95.211	$(NH_4)_2SO_4$	132.13
$Hg_2(NO_3)_2 \cdot 6H_2O$	561.22	$MgCl_2 \cdot 6H_2O$	203.30	NH_4VO_3	116.98
$Hg(NO_3)_2$	324.60	MgC_2O_4	112.33	Na_3AsO_3	191.89
HgO	216.59	$Mg(NO_3)_2 \cdot 6H_2O$	256.41	$Na_2B_4O_7$	201.22
HgS	232.65	$MgNH_4PO_4$	137.32	$Na_2B_4O_7 \cdot 10H_2O$	381.37
$HgSO_4$	296.65	MgO	40.304	$NaBiO_3$	279.97
Hg_2SO_4	497.24	$Mg(OH)_2$	58.32	NaCN	49.007
$KBrO_3$	167.00	$Mg_2P_2O_7$	222.55	NaSCN	81.07
KCl	74.551	$MgSO_4 \cdot 7H_2O$	246.47	$NaHCO_3$	84.007
$KClO_3$	122.55	$MnCO_3$	114.95	$Na_2HPO_4 \cdot 12H_2O$	358.14
$KClO_4$	138.55	$MnCl_2 \cdot 4H_2O$	197.91	$Na_2H_2Y \cdot 2H_2O$	372.24
KCN	65.116	$Mn(NO_3)_2 \cdot 6H_2O$	287.04	$NaNO_2$	68.995
KSCN	97.18	MnO	70.937	$NaNO_3$	84.995
K_2CO_3	138.21	MnO_2	86.937	Na_2O	61.979
K_2CrO_4	194.19	MnS	87.00	Na_2O_2	77.978
$K_2Cr_2O_7$	294.18	$MnSO_4$	151.00	NaOH	39.997
$(C_9H_7N)_3H_3PO_4 \cdot 12MoO_3$(磷钼酸喹啉)	2 212.7	$MnSO_4 \cdot 4H_2O$	223.06	Na_3PO_4	163.94
$KAl(SO_4)_2 \cdot 12H_2O$	474.38	NO	30.006	Na_2S	78.04
KBr	119.00	NO_2	46.006	$Na_2S \cdot 9H_2O$	240.18
$K_3Fe(CN)_6$	329.25	NH_3	17.03	Na_2SO_3	126.04
$K_4Fe(CN)_6$	368.35	Na_2CO_3	105.99	Na_2SO_4	142.04
$KFe(SO_4)_2 \cdot 12H_2O$	503.24	$Na_2CO_3 \cdot 10H_2O$	286.14	$Na_2S_2O_3$	158.10
$KHC_2O_4 \cdot H_2O$	146.14	$Na_2C_2O_4$	134.00	$Na_2S_2O_3 \cdot 5H_2O$	248.17
$KHC_2O_4 \cdot H_2C_2O_4 \cdot 2H_2O$	254.19	NaCl	58.443	$NiCl_2 \cdot 6H_2O$	237.69
$KHC_4H_4O_3$	188.18	NaClO	74.442	NiO	74.69

化合物分子式	相对分子质量	化合物分子式	相对分子质量	化合物分子式	相对分子质量
$Ni(NO_3)_2 \cdot 6H_2O$	290.79	$PbSO_4$	303.30	SiO_2	60.084
$NiSO_4 \cdot 7H_2O$	280.85	SnS	150.75	SiF_4	104.08
NiS	90.75	$SnCl_2$	189.60	$ZnCO_3$	125.39
P_2O_5	141.94	$SnCl_4$	260.50	ZnC_2O_4	153.40
PbC_2O_4	295.22	$SrCO_3$	147.63	$ZnCl_2$	136.29
$PbCl_2$	278.10	SrC_2O_4	175.64	$Zn(CH_3COO)_2$	183.47
$PbCrO_4$	323.20	$Sr(NO_3)_2$	211.63	$Zn(CH_3COO)_2 \cdot 2H_2O$	219.50
PbI_2	461.00	$SrSO_4$	183.68	$Zn(NO_3)_2$	189.39
$Pb(NO_3)_2$	331.20	$SbCl_3$	228.11	$Zn(NO_3)_2 \cdot 6H_2O$	297.48
PbO	223.20	Sb_2O_3	291.50	ZnO	81.38
PbO_2	239.20	Sb_2S_3	339.68	ZnS	97.44
$Pb_3(PO_4)_2$	811.54	SO_3	80.06	$ZnSO_4$	161.44
PbS	239.30	SO_2	64.06	$ZnSO_4 \cdot 7H_2O$	287.54

参考文献

[1] 高红武．应用化学．北京：中国环境科学出版社，2005．

[2] 辛述元．无机及分析化学实验．北京：化学工业出版社，2005．

[3] 辛剑，孟长功．基础化学实验．北京：高等教育出版社，2004．

[4] 崔学桂，张晓丽．基础化学实验．北京：化学工业出版社，2003．

[5] 王建梅，刘晓薇．化学实验基础．北京：化学工业出版社，2002．

[6] 高职高专化学教材编写组．无机化学实验．北京：高等教育出版社，2002．

[7] 高职高专化学教材编写组．分析化学实验．北京：高等教育出版社，2002．

[8] 高职高专化学教材编写组．有机化学实验．北京：高等教育出版社，1994．

[9] 金谷，江万权，等．定量分析化学实验．合肥：中国科学技术大学出版社，2005．

[10] 刘秉涛．工科大学化学实验．哈尔滨：哈尔滨工业大学出版社，2006．

[11] 丁敬敏．化学实验技术．北京：化学工业出版社，2004．

[12] 刘宝殿．化学合成实验．北京：高等教育出版社，2005．

[13] 刘珍．化验员读本（上、下册）．北京：化学工业出版社，2004．

[14] 初玉霞．化学实验技术基础．北京：化学工业出版社，2002．

[15] 初玉霞．有机化学实验．北京：化学工业出版社，2002．

[16] 夏玉宇．化验员实用手册．北京：化学工业出版社，1999．

[17] 张铁垣，程泉寿，等．化验员手册．北京：中国水利电力出版社，1988．

[18] 曾昭琼．有机化学实验．3 版．北京：高等教育出版社，2000．

[19] 中华人民共和国国家标准 GB/T 6001—2002．化学试剂标准滴定溶液的制备．北京：中国标准出版社，2003．

[20] 周其镇，方国女，等．大学基础化学实验．北京：化学工业出版社，2000．

[21] 奚关根，赵长宏，等．有机化学实验．上海：华东理工大学出版社，1995．